KB104304

필로교수의
한우고기예찬

장수한 사람 중 채식주의자는 한 명도 없다

필로교수의

I LOVE HANWOO BEEF

한우고기예찬

주선태 지음

암과 우울증도 무서워하는 한우고기
한우고기의 마블링은 혈관건강에 무죄!!

집사재

필로교수의
한우고기예찬

초판 1쇄 인쇄일 2013년 5월 5일
초판 1쇄 발행일 2013년 5월 15일

지은이 주선태
사 진 이정규
　　　　 한우자조금관리위원회
자 료 정은영 서현우 임현정
발행인 유창언
발행처 집사재

출판등록 1994년 6월 9일
등록번호 제10-991호

주 소 서울시 마포구 서교동 377-13 성은빌딩 301호
전 화 02)335-7353~4
팩 스 02)325-4305
이메일 pub95@hanmail.net / pub95@naver.com

ISBN 978-89-5775-151-0 03520
값 15,000원

※ 잘못된 책은 구입하신 서점에서 바꾸어 드립니다.
※ 저작권자와의 협약에 의해 인지는 생략합니다.

이 책을
이 땅에 밀려 들어오고 있는
수입쇠고기로부터 한우를 지켜내고자
새벽녘부터 늦은 밤까지 손에 굳은살이 박이도록
온갖 고생을 보람으로 알고 한우를 돌보며 살아가는
대한민국 모든 한우농가들께
바칩니다.

머리말

I LOVE HANWOO BEEF

필로가 반평생을 살고 나서 깨달은 것 하나가 있습니다. 진리는 냉철한 이성보다 따뜻한 감성으로 드러날 때가 많다는 것입니다. 사랑이 그렇습니다. 아무리 과학이 첨단으로 발달하고 과학적 지식이 진리처럼 세상을 점령해도 사랑이 없는 과학적 지식이란 결국 자기의 의(義)를 드러내는 것 그 이상도 그 이하도 아닐 것입니다. 그래서 필로는 이 책을 지식으로 쓰지 않고 가슴으로 쓰려고 애썼습니다.

사람들은 흔히 포화지방이 많은 소고기의 섭취가 건강에 좋지 않다고 생각합니다. 동물성 지방, 특히 포화지방이 건강이 좋지 않다는 미국식 과학적 지식에 포로가 되어 있기 때문입니다. 하지만 대한민국에서만큼은 이것이 사실이 아닙니다. 우리나라는 소고기를 너무 적게 먹고 있기 때문입니다. 그래서 역설적으로 대한민국에서 한우고기의 지방은 가공된 나쁜 지방에 비해 건강에 좋은 진짜 자연의 지방이라고 할 수 있습니다. 우리나라 사람들에게 한우고기는 기꺼이 찾아서 먹어야 하는 건강식품인 것입니다.

필로는 21세기를 살아가고 있는 대한민국 국민들이 건강을 위해 정말 피해야 하는 식품은 가공된 나쁜 지방을 많이 함유하고 있는 인스턴트식품이나 패스트푸드라고 믿습니다. 우리나라의 각종 성인병은 포화지방이 많은 한우고기 같은 자연식품의 섭취가 주요 원인이 아닙니다. 당분이 많은 탄수화물식품, 특히 그런 탄수화물로 만들어지는 인스턴트식품이나 패스트푸드의 과도한 섭취가 주요 원인입니다. 그럼에도 불구하고, 요즘 우리 주변에는 채식이나 자연식이 건강에 좋다고 주장하는 사람들이 부쩍 늘어나고 있어 안타깝습니다.

채식이나 자연식은 지독한 편식으로 오히려 건강한 장수에 도움이 되지 않습니다. 필로는 한우고기에 대한 과학적 지식이 아닌 한우를 사랑하는 가슴으로 쓴 이 책을 통해 우리나라 국민들의 한우와 한우고기에 대한 인식이 변화되길 희망합니다. 독자들이 대한민국의 건강한 장수를 책임지는 영양공급원이 한우고기라는 사실과 왜 필로가 '쇠고기'가 아닌 '소고기'를 먹어야 한다고 주장하는지 알아주었으면 좋겠습니다. 그래서 진리는 냉철한 이성보다 따뜻한 감성으로 드러난다는 것을 대한민국 국민들을 통해 다시 한 번 보고 싶습니다.

이 책이 나오기까지 도움을 주신 많은 분들께 감사드립니다. 누구보다 먼저, 초청강연회 등을 통해 필로를 격려해주시고 조언해주신 대한민국 14만 한우농가들에게 감사드립니다. 또한 책의 발간에 물심양면으로 도와주신 한우자조금관리위원회에 감사드립니다. 이 분들의 도움과 조언이 없었다면 이 책은 만들어지지 않았을 겁니다. 그리고 이 책의 자료조사와 실험연구 및 원고정리를 하면서 필로와 실질적인 고생을 함께 한 경상대학교 축산학과 식육과학연구실의 정은영 실장, 서현우 연구원, 임현정 연구원, 사진자료를 제공한 이정규 교수님을 포함한 경상대학교 축산학과 모든 교수님들께도 감사의 마음을 전합니다.

이천십삼년 춘사월
필로 주선태

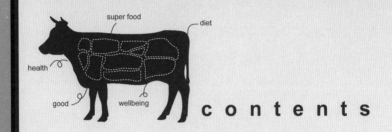

c o n t e n t s

〈목차〉

〈제1부〉 한우와 한우고기 제대로 알기

1

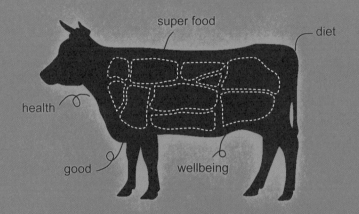

한우와 한우고기
제대로 알기

1. 육식의 반란?

I LOVE HANWOO BEEF

"채식이 대안이다!"

"인간의 먹이가 되기 위해 공장식 축산에 희생되는 불쌍한 소들의 처절한 현실~"

"볏짚을 제외한 모든 사료를 수입해서 축산을 하는 나라는 우리나라밖에 없다!"

"몸에 안 좋은 지방덩어리 고기를 비싼 돈 주고 사먹고 있는 이상한 대한민국."

"GMO 옥수수 사료를 100% 수입해 먹이고, 성장촉진제와 항생제와 방부제 등으로 범벅이 된 고기덩어리를 과연 먹어야 하나!!!"

"마블링이 많다는 것은 결국 건강하지 못한 소라는 말! 이런 소고기를 비싼 가격에 사먹어야 하는 현실! 도대체 누구를 위한 등급제란 말인가?"

지난 연말, 전주MBC에서 특별히 기획하여 제작한 〈육식의 반란〉이라는 다큐멘터리를 보고 난 후, 일반 시청자들의 반응이다. 필로도 〈마블링의 음모〉라는 부제를 달고 방송된 이 특집다큐멘터리를 우연히 보게 되었는데, 보는 내내 충격이 너무 컸던지 온몸에 소름이 돋았다. 방송을 보면서 순간순간 얼굴이 뜨거워지는 것이 느껴질 정도로 당황스러웠고, 나도 모르게 주먹을 움켜쥘 정도로 화가 치밀어올랐다. 만약 이 방송이 대한민국 시청자들의 일반적인 상식을 깨고 공분을 불러일으킬 목적으로 특별히 제작된 것이라면, MBC가 제작한 이 특별다큐멘터리는 120% 그 목적을 달성했다고 여겨진다. 필로조차 그토록 흥분하게 만들고 화가 나게 만들었으니 말이다.

그러나 필로가 화가 난 이유는 일반 시청자들의 반응과 전혀 다른 이유 때문이었다. 방송이라는 것이 제작자가 기획한 생각이나 의도를 시청자에게 전달하기 위해 만들어진다고는 하지만, 이처럼 사실을 왜곡하고 자극적으로 제작하여 시청자들의 공분을 불러일으켜도 되는지 의문이 들어 화가 난 것이었다. 특히 사실이 아닌 것을 사실로 예단하고, 군데군데 공분을 불러일으킬 목적으로 자극적인 단어를 선택하여 사용한 것은 두고두고 비난을 피할 수 없을 것이다.

그러나 마지막 멘트가 "마블링은 지구촌의 막대한 곡물을 먹어치워 가난한 사람들의 삶을 더욱 고단하게 한다. 마블링이 잔뜩 낀 고기를 먹은 부자들도 더 이상 행복하지만은 않다. 지구촌은 과연 이 소름끼치는 음모에서 벗어날 수 있을까? 오늘 당신의 선택에 우리 모두의 미래가 달려 있다"로 끝나는 이 프로그램은 원래 그들이 기대했던 대로

사회적으로 큰 반향을 불러일으키며 각종 상을 수상했다. 전주MBC의 유 룡 기자가 연출한 이 특집다큐멘터리에 2012년 12월 한국방송기 자협회의 '방송기자상'과 한국기자협회에서 '이달의 기자상'을 수여 했다. 아마도 한국방송기자협회나 한국기자협회는 이 프로그램에 나 오는 내용이 모두 사실이거나 진실이라고 믿은 것 같다.

하지만 식육학자인 필로가 보기에 이 프로그램은 전문적 지식이 결 여된 오해와 편견으로 가득 차 있으며, 좀 심하게 말하자면 어떻게 하 면 시청자인 국민들을 자극시킬 수 있을까만을 고민한 대단한 작품으 로밖에 보이지 않았다. 가장 먼저 타이틀부터 문제다. 마블링의 음모 라니, 이게 무슨 말인가? 국어사전을 보면 음모는 '일을 비밀히 꾸밈, 또 그 계략' 또는 '범죄에 관한 행위'라고 정의하고 있다. 그러니까 국 어사전의 의미대로라면 현재 마블링(근내지방)이 많은 소를 생산하여 맛있는 소고기를 소비자들에게 공급하려는 일체의 행위들이 비밀히 꾸며진 계략에 의해 이루어지고 있으며, 이는 곧 범죄에 관한 행위라는 뜻이다. 이건 말이 되지 않는다.

국내외적으로 지난 반세기가 넘는 기간 동안 소고기의 마블링을 높이기 위한 연구개발은 비밀히 꾸며진 계략에 의한 것이 아니고, 공공연하게 경쟁적으로 이루어져 왔고 또 이루어지고 있다. 이에 관한 연구의 결과는 지금도 수많은 논문으로 발표되어 있으며, 이에 대한 특허기술은 한 나라의 축산발전을 책임지는 핵심기술로 평가되고 있다. 그러나 이 방송은 이러한 전 세계적인 연구추세를 철저히 무시하고, 이를 단순히 미국 곡물(옥수수)업계의 음모에 의한 것으로 단정하고 있다. 그리고 국내 축산업계나 학계 그리고 정부의 정책이 그러한 음모에 동참하고 있는 것으로 호도(糊塗)한다. 필로는 이것이야말로 대단히 심각한 음모라고 생각한다.

〈육식의 반란-마블링의 음모〉는 처음부터 진실을 왜곡하면서 시작한다. 1인당 연간 70kg의 쇠고기를 먹는 나라 아르헨티나 사람들이 건강을 지키는 이유는 무려 4시간씩이나 장작불에 구워 기름을 빼내는 전통을 고집하기 때문이고, 세계 제1의 쇠고기 수출국인 호주 사람들이 즐겨 먹는 고기는 다름 아닌 쇠고기 엉덩이살이라고 소개한다. 고기를 많이 먹는 호주 사람들은 한국에서는 육회로만 먹는 기름 한 점 없는 질긴 고기를 스테이크로 구워 먹는다는 것이다. 그러니까 쇠고기를 많이 먹는 아르헨티나와 호주의 경우 기름기(마블링)를 빼어 먹거나, 기름기가 없는 고기를 즐겨 먹기 때문에 건강하다는 것을 강조하고 싶었던 모양인데, 이는 사실이 아니다.

아르헨티나와 호주에서는 광활한 대지에서 생산되는 목초로 소를 방목하면서 사육하기 때문에 값싸고 맛없는 쇠고기가 대량 생산된다. 따라서 그들이 쇠고기를 맛있게 먹기 위해서는 잘 숙성시켜 바비큐를 하거나 양념을 한 스테이크로 먹는 방법 이외의 선택이 별로 없다. 더구나 이들 나라에서 아직도 변함없이 최고의 쇠고기로 꼽는 부위는 그나마 마블링 형성이 잘 되는 등심부위이고, 그래서 등심부위의 가격이 가장 높다. 그들도 마블링이 많은 고기를 선호하지만 선택의 여지가 없는 것이다. 그리고 그렇게 마블링이 없는 쇠고기를 좋아하기 때문에 그들이 우리보다 건강한 것도 아니다. 마블링이 많은 소고기를 선호하는 대한민국 국민의 평균수명이 이 두 나라 국민들의 평균수명보다 길고, 사망원인과 질병의 발생율에도 많은 차이가 있다. 우리나

라 국민이 그들보다 더 건강하게 오래 산다는 것은 각종 통계자료가 잘 보여주고 있다.[1]

이처럼 이 방송은 시작부터 진실을 왜곡하면서 나름의 제작기획 의도를 살벌한 언어로 설명한다.

"한국은 어떤가? 살코기 사이로 기름이 허옇게 퍼져 있는 꽃등심, 1⁺, 1⁺⁺라 불리는 마블링 많은 고기를 최고의 고기라고 한다. 우리는 지금 제대로 먹고 있는 것일까? 마블링은 진정 2배, 3배 돈을 지불할 만큼 값어치 있는 것일까? 경제순리에도 맞지 않고 국민건강에도 독이 되는 마블링, 그 마블링의 음모를 파헤쳐 본다."

이는 정말 듣기만 해도 소름이 돋는 멘트 아닌가? 고기의 맛을 좌우하는 근내지방이 밝은 선홍색의 근육 사이에 하얗게 눈꽃처럼 박혀 있는 것을 마블링이라고 하는데, 이 멘트에서는 살코기 사이로 기름이 허옇게 퍼져 있고 국민건강에 독이 된다고 표현한다. 음모도 이런 음모가 없다.

여기서 우리가 꼭 짚고 넘어가야 할 것이 마블링에 대한 정확한 이해다. 마블링(marbling)은 근내지방(intramuscular fat)으로 하나의 근육 안에 있는 지방을 말한다. 즉, 근육을 이루고 있는 근속들 사이에 침착하는 지방과 근속을 이루는 근섬유들 사이에 축적되는 지방을 말한다. 반면 근육과 근육 사이의 지방은 근간지방(intermuscular fat) 또는 솔기지방(seam fat)이라고 부른다. 또한 근육 외부를 감싸고 있는 지방은 피하지방(subcutaneous fat)이라고 한다. 따라서 마블링은 근간지방이나 피하지방과 확연히 다른 것임에도 불구하고, 이 방송에서는 두루뭉

술하게 고기 속의 기름이라고 표현한다. 기자들이 '아 다르고 어 다르다'는 것을 모르는 바가 아닐 터인데 말이다.

이 방송에서 가장 심각한 진실의 왜곡은 마블링을 국민건강의 독이라고 표현하는데 있다. 정말 그런가? 한우고기의 근내지방이 대한민국 국민들의 건강을 해치는 독과 같은 존재냐는 말이다. 어디서 이런 근거도 없는 추론을 가져온 것일까? 아마도 필로의 전작 〈고기예찬〉에 설명된 바와 같이, 미국식 영양학에 포로가 된 기자의 막연한 지식에 기인한 것이라 추정된다.[2]

마블링, 즉 근내지방은 근간지방이나 피하지방과 그 지방산의 조성부터 차이가 있다. 따라서 지방의 특성과 맛도 다르다.[3] 설령 마블링이 방송에 표현된 대로 살코기 속의 기름, 즉 지방의 총체라 할지라도 이것의 섭취가 우리나라 국민들의 현대 성인병과 관련하여 부정적인 영향을 미친다고 할 수는 없다. 그 이유는 대한민국은 미국이나 유럽 또는 아르헨티나와 호주처럼 식육으로부터 유래되는 동물성 지방의 섭취가 그렇게 많지 않기 때문이다.

우리나라는 한우고기를 1년에 4kg 정도밖에 먹지 않는 나라다. 따라서 만약 한우고기 속의 지방을 국민건강의 독이라고 표현하려면, 우리나라는 지금보다 한우고기를 최소한 10배 이상을 먹어야 한다. 그 정도 먹는다면 한우고기의 마블링이 국민건강에 나쁜 영향을 미칠 수 있다고 말할 수 있다. 그러나 지금처럼 한우고기를 적게 먹고 있는 상황에서 한우고기의 지방이 국민건강에 독이 된다는 말은 이만저만 어불성설이 아닐 수 없다. 〈제2부〉에서 자세하게 설명하겠지만, 오히려 한우고기는 건강을 위해 지금보다 최소한 2배 이상 먹어야 한다. 세계에서 가장 맛있고 안전한 소고기는 한우고기이기 때문이다.

 각주

I LOVE HANWOO BEEF

1) 국가통계포털에 의하면, 우리나라 평균 수명은 2012년 기준(중위) 남자 77.6세, 여자 84.5세이며 주요 사망 원인으로는 감염성 및 기생충성 질환, 위암 및 간암, 내분비 영양대사 질환이다. 반면 호주의 경우 2012년 기준 평균 수명은 남자 77.00세, 여자 82.0세이며, 주요 사망 원인으로는 심장병, 뇌혈관, 치매(알츠하이머), 기관 및 폐암이다. 아르헨티나의 경우 남자의 평균 수명은 73.9세, 여자 80.54세이며 주요 사망원인은 순환계 질병, 암, 호흡기 질병 순이다(CIA World Factbook, 2012). 이 같은 통계는 우리나라 국민이 아르헨티나와 호주보다 건강하게 오래 산다는 것을 의미한다. 특히 육류섭취량이 적은 우리나라는 지방의 섭취가 원인이 되는 심장병이나 뇌혈관 질환과 같은 순환계 질병으로 사망하는 비율이 호주나 아르헨티나와 비교가 되지 않는다.

2) 필로는 2008년에 발간된 〈필로교수의 고기예찬〉에서 육식이 건강에 해롭다는 미국식 영양학에 대하여 과학적인 증거를 토대로 조목조목 반박하였다. 즉, 지나치게 과다한 육류를 섭취하여 비만과 순환계 질병이 사회적 문제인 미국과 아직도 육류의 섭취가 부족한 대한민국의 상황은 많은 차이가 있으며, 따라서 육식이 건강에 해롭다는 미국식 영양학은 대한민국에 적합하지 않다는 것이 필로의 주장이다.

3) 송만강 등(2000), 농후사료 급여수준이 거세 한우의 증체와 부위별 지방조직의 지방산 조성에 미치는 효과, 동물자원과학회지 42(6):859~870. (이 연구에 따르면 근내지방, 근간지방 및 피하지방은 지방산의 조성에 차이가 있으며, 특히 불포화지방산인 Myristic acid와 Palmitic acid의 함량이 피하지방, 근간지방, 근내지방 순으로 낮은 결과, USFA/SFA에서도 차이를 보였다.) 이 밖에도 근내지방, 근간지방, 피하지방의 지방산 조성 및 특성의 차이에 관한 논문은 부지기수로 많다.

2. 마블링의 음모?

I LOVE HANWOO BEEF

 2011년 기준, 우리나라 국민들이 1인당 1년에 섭취하는 소고기의 양은 10.1kg으로, 이중 약 40%만 한우고기이고 60%는 수입쇠고기다. 더구나 우리나라 사람들은 소고기뿐만 아니라 돼지고기와 닭고기를 합쳐도 너무 적게 먹고 있는 것이 현실이다. 돼지고기 섭취량 18.8kg과 닭고기 섭취량 11.3kg을 합쳐도 우리나라 국민 1인당 연간 섭취하는 육류소비량은 40.3kg 정도에 불과하다.[1] 반면 동물성 지방이 현대 성인병의 주요인이라고 지목받고 있는 미국의 육류소비량은 108.1kg이고, 유럽도 76.4kg에 이른다. 또한 방송에 나온 아르헨티나는 96.7kg이고 호주는 92.0kg이다. 참고로 세계 제1의 장수국으로 분류되는 홍콩은 놀랍게도 149.6kg이다.[2]

 그러므로 전주MBC에서 제작하여 방송한 〈육식의 반란-마블링의 음모〉에 나온 것처럼, 만약 고기 속의 지방을 국민건강의 독이라고 표현하려면 우리나라는 고기를 최소한 2배, 3배 정도 더 먹어야 한다. 더구나 한우고기는 정말 적게(1년에 평균 4kg) 먹고 있기 때문에, 한우고기의 마블링은 우리나라 국민들이 섭취하는 전체 동물성 지방의 극히 일부분에 불과하다. 게다가 최근의 영양학계와 의생명학계에서는 동물성 지방이 현대 성인병에 긍정적인 영향을 미친다는 연구결과들도 속속 발표되고 있다.

필로가 전주MBC가 특별히 제작한 다큐멘터리 〈육식의 반란-마블링의 음모〉를 보는 내내 들었던 의문은 이것이다. 대한민국의 축산, 특히 한우산업이 FTA와 밀려드는 수입쇠고기로 인해 생존의 위협을 느끼며 깊은 고통 속에 있는 상황에서, 왜 MBC는 이러한 마블링의 음모를 기획하고 제작하였을까? 그들은 정말 대한민국 국민들의 건강을 심각히 고민한 결과, 그리고 대한민국의 축산발전을 위해 마블링이 적은 한우고기를 생산해야 된다는 확신이 너무나 확고했기 때문에 이 다큐멘터리를 제작한 것일까? 아니면 단순히 사회적 이슈가 될 수 있는 주제를 찾아 고발하겠다는 공명심이나, 그러한 일을 통해 바른 대한민국을 만들겠다는 투철한 정의감 때문에 방송을 한 것일까?

MBC의 제작 이유야 어떠하든지 간에 이 방송을 본 대한민국 국민들의 생각은 그들의 의도대로 소고기의 마블링에 대해 충격을 받고 인식을 바꾸고 있는 것 같다. 놀랍게도 한국방송기자연합회의 홈페이지에 유 룡 기자가 올린 〈이달의 방송기자상 수상작 취재후기〉를 보면 이런 대목이 나온다.

"다큐와 뉴스 이후 전라북도의 소고기 시장은 큰 변화를 겪고 있다.

지난 연말 송년회가 열린 한우집, 고기를 먹는 사람들마다 '이런 것 먹
으면 안 된다고 하던데, 몸에 안 좋다던데' 이런 이야기들을 나눴다고
한다. 버섯요리같이 건강에 좋은 채식음식점이나 기름기 없는 2등급,
3등급 고기를 쓰는 전골 음식점 매출이 10% 이상 뛰었다는 이야기도
들린다."

그렇다. 이 방송은 그들의 말대로 대한민국의 육식문화를 바꾸는
'육식의 반란'을 일으키고 있는 것이다.

언론의 힘은 막강하다. 특히 방송의 힘은 더욱 막강하다. 한 번의 방
송으로도 국민의 생각을 바꿀 수 있기 때문이다. 그래서 언론은 항상
신중하여야 한다. 특히 방송은 막강한 힘을 가지고 있는 것만큼 더욱
신중에 신중을 기울여야 한다. 경솔하지 말아야 한다. 알량한 지식이
나 얄팍한 공명심 또는 교만한 믿음을 경계하여야 한다. 무엇이 진실

이고 무엇이 애국이고 무엇이 애족인지 고민하고 또 고민하여야 한다는 말이다. 왜 대한민국의 한우가 마블링이 많은 한우고기를 생산하지 않으면 식량의 주권을 지키지 못하게 되는지, 그래서 국민의 건강을 지키지 못하게 되는지 깊은 고민이 있었어야 했다는 말이다.

지난 30년 동안 우리나라는 한우산업을 살리고자 수많은 축산학자들, 정책입안자들, 업계관련자들이 어떻게 하면 고품질 한우고기를 생산할 수 있을지 연구하고 고민하고 피땀을 흘리며 현장에서 일을 하였다. 이들은 바보가 아니다. 더구나 미국곡물업자들의 음모에 놀아날 정도로 어리석은 공모자들도 아니다. 세계적인 연구결과물들을 만들어냈고, 축산물품질등급제를 포함한 수많은 제도와 정책을 고안하여 실시하였으며, 축산현장에서는 손에 굳은살이 생기는 것을 보람으로 알고 밤낮을 가리지 않고 한우를 키워왔다. 그 결과 이제 한우고기는 세계에 자랑할 정도로 맛있고 안전하고 가치 있는 소고기가 되었다.

방송에서는 마치 옥수수사료만 먹이면 마블링이 많은 소고기가 생산되는 것처럼 설명하는데, 소고기의 맛을 좌우하는 마블링은 그렇게 단순하게 생성되는 것이 아니다. 단지 18개월에 잡을 소를 32개월까지 옥수수를 먹이며 키우면 마블링이 많은 고품질 소고기가 생산되는 것이 아니라는 말이다. 유전, 육종, 사양, 영양, 가공 등 모든 분야에서 첨단기술과 노하우가 집약되어야 비로소 마블링 많은 고품질 한우고기가 생산되는 것이다. 오늘날 한우고기가 세계적인 소고기가 될 수 있었던 이유는 지난 30년간 수많은 전문가들의 노력으로, 그 기술과 노하우가 집약된 결과라는 말이다.

현재 한우고기처럼 마블링이 많은 1⁺, 1⁺⁺ 등급의 소고기를 생산할 수 있는 나라는 일본과 우리나라밖에 없다. 기술과 제도가 뒷받침하고 있기 때문이다. 우리나라 소고기 시장의 60%를 장악하고 있는 미국과 호주도 한우고기처럼 마블링이 많고 품질이 좋은 소고기를 생산하지 못한다. 안하는 것이 아니라 못하는 것이다. 이것이 한우의 경쟁력이고 우리나라가 소고기의 주권을 40% 정도라도 지키고 있는 마지노선 전략이다.

만약 방송의 말미에 한우업계의 유일한 탈출구처럼 대안으로 제시하는, 즉 방목을 하면서 마블링 적은 18개월령 한우고기로 승부를 한다면 국내 소고기 시장은 3달도 지나지 않아 미국산과 호주산 수입쇠고기에 잠식당하고 말 것이다. 맛과 가격에서 경쟁이 되지 않기 때문이다. 그렇게 하는 것이야말로 우리나라 소고기시장을 호시탐탐 노리고 있는 미국이나 호주의 축산업계가 간절히 바라고 있는 바일 것이다.

그러므로 우리나라 언론들은 그들의 노림수에 놀아나지 않아야 한다. 단언컨대 식량의 식민지화는 그렇게 이루어진다. 그리고 한우산업은 1차 생명산업이기 때문에 한번 사육기반이 무너지면 다시 회복하는데 최소한 10년 이상의 시간과 노력이 필요하다. 한번 무너지면 10년 이상을 끌려다녀야 한다는 말이다.

따라서 우리나라 언론은 섣부른 정의감이나 공명심으로 경솔한 주장을 하여 국민의 공분을 일으키는 행동을 자제해야 한다. 공연히 미국식 영양학에 포로가 되어 마블링의 공포를 불러일으켜 채식을 가장 잘 하고 있는 나라의 국민들에게 채식위주의 식사를 권하는 우를 범하지도 않아야 한다. 1인당 연간 소고기 섭취량이 10kg 정도밖에 되지 않는 대한민국은 한우고기의 마블링을 충분히 즐겨도 좋다. 그것이 건강에도 훨씬 이롭다. 한우고기처럼 마블링이 많고 품질이 좋은 소고기는 대한민국에만 있다. 우리는 이것을 자랑스럽게 여기고 자부심을 가져야 한다. 다시 한 번 말하지만, 세계에서 가장 맛있고 안전한 소고기는 한우고기다.

 각주

I LOVE HANWOO BEEF

1) 농림수산식품부와 농협의 축산물가격 및 수급자료에 따르면, 2011년도 우리나라 국민이 섭취한 소고기, 돼지고기, 닭고기의 총량은 2,009,675톤으로, 1인당 연간 육류섭취량은 40.37kg(소고기 10.16kg, 돼지고기 18.84kg, 닭고기 11.37kg)이다.

2) USDA 자료에 따르면(2010년), 1인당 연간 육류소비량이 많은 국가는 홍콩(149.6kg), 미국(108.1kg), 아르헨티나(96.7kg), 호주(92.0kg), 캐나다(82.3kg),칠레(80.7kg), EU(76.4kg) 순이다. 축종별로 살펴보면, 소고기는 아르헨티나(54.0kg), 브라질(37.6kg), 미국(37.4kg), 파라과이(37.0kg), 호주(34.2kg), 홍콩(32.3kg) 순이고, 돼지고기는 홍콩(70.3kg), 벨로루시(43.0kg), EU(41.8kg), 중국(38.0kg), 타이완(36.0kg), 스위스(33.1kg) 순이며, 닭고기는 쿠웨이트(65.8kg), 아랍에미리트(62.3kg), 홍콩(47.0kg), 미국(43.6kg), 남아프리카공화국(42.4kg), 브라질(40.8kg) 순이다.

3. 한우고기 마음껏 먹어라

I LOVE HANWOO BEEF

필로가 〈육식의 반란 - 마블링의 음모〉를 보고 앞에 쓴 글을 인터넷에 올렸더니, 어떤 네티즌이 바로 다음과 같은 댓글을 달았다.

"한우고기의 마블링이 아무리 훌륭하고 우수해도 결국 기름덩어리 아닌가요? 그 동물성 기름이 설령 좋은 점이 있다고 해도 얼마나 몸에 이로울까? 우선 먹기 좋고 미각을 자극하니 맛있다고는 할 수 있을지언정, 나이가 들어갈수록 소고기 많이 먹으면 건강에 좋지 않다는 것이 어제 오늘만의 정설인가! 소고기가 건강에 좋지 않다는 건 바로 동물성 지방이 원인 아닌가요? 돈 들이고 시간 들여 고생스럽게 헬스장에 가서 체지방을 왜 빼는가? 한우고기가 그렇게 좋으면 당신이나 실컷 드시구려!"

참담하다. 대한민국 대부분의 사람들이 이렇게 생각하고 있는 것 같아 참담하기 그지없다. 잘못된 언론에 노출된 사람은 그릇된 편견을 갖기 쉬우며, 한번 그런 편견에 사로잡히면 아무리 과학적인 진실을 들이대도 자신의 고집을 꺾지 않는다. 마블링은 근내지방이고, 근내지방은 근간지방이나 피하지방과 다르다고 필로가 아무리 이야기해도 결국 같은 기름덩어리가 아니냐고 말한다. 소고기를 많이 먹으면 건강에 좋지 않다는 것은 우리와는 큰 상관이 없는 이야기라고, 우리보다 고기를 2배, 3배 많이 먹는 미국식 영양학이라고 아무리 말해도 도통 믿으려 들지 않는다. 소고기를 많이 먹으면 건강에 좋지 않다는 것은 어제 오늘만의 정설이 아니고, 비만의 원인이 동물성 지방 때문이라고 고집한다.

이렇게 한번 그릇된 편견에 사로잡힌 사람은 그것에 반하는 정보는 일단 무조건 거부하는 태도를 보인다. 그리고 과학적인 사실을 토대로 조목조목 반박하면서 설명을 하면, 마지막으로 감정적인 말을 내뱉는다.

"그렇게 좋으면 당신이나 실컷 드시구려!"

그러니까 결국, 한우고기를 먹느냐 안 먹느냐는 믿음의 문제다. 한우고기가 몸에 좋은 맛있는 소고기라는 믿음이 있으면 먹는 것이고, 몸에 안 좋은 기름덩어리라는 믿음이 있으면 안 먹거나 못 먹는 것이다.

그렇다면 왜 21세기 대한민국에 사는 사람들은 소고기 속의 지방인 마블링을 건강에 좋지 않은, 아니 건강에 독이 되는 존재처럼 믿게 되었을까? 필로는 이것에 대해 수년간 고민한 결과, 그 이유를 3가지로 정리하였다. 첫째, 우리나라에 비만한 미국의 영양학이 여과 없이 받

아들여져 교육되었기 때문이다. 둘째, 미국식 영양학에 사로잡힌 채식주의자들이나 환경운동가들이 육식의 위해성을 과장되게 선전하고 홍보하였기 때문이다. 셋째, 국내 언론매체들이 무분별하게 이들의 주장이나 외국의 연구결과들을 자극적으로 보도하였기 때문이다. 이러한 이유로 우리나라 사람들은 고기를 많이 먹지도 않으면서 마치 고기를 많이 먹는 미국사람처럼 생각하고 말하고 행동하고 있는 것이다.

그런데 이러한 경향은 대한민국 국민들의 영양과 건강을 위해 매우 불행한 일이다. 특히 지난 20년간 경제적인 발전과 함께 영양의 과잉으로 비만이 사회적 문제가 되면서, 그 원인을 미국식 영양학이 주장하는 것처럼 고기의 지방, 즉 동물성 지방으로 몰아가는 것이 큰 문제다. 미국인들처럼 육류의 섭취량이 과도할 경우, 비만과 그것에 기인한 각종 현대 성인병의 주요 원인 중 하나가 동물성 지방이라고 해도 틀리지 않을 것이다. 하지만 우리나라는 사정이 전혀 다르다. 채식 위주의 식사를 하는 우리나라에서는 오히려 동물성 지방의 섭취를 늘려야 할 필요가 있다. 특히 50세 이상의 중장년층이나 성장기의 어린 아이들은 건강한 노년을 위해서 또는 정상적인 성장을 위해서 동물성 지방을 핑계로 육류의 섭취를 제한하는 것은 매우 바람직하지 않다.

미국인들은 하루에 섭취하는 칼로리의 40% 이상을 지방으로 섭취하는데, 이러한 이유로 10명 중 3~4명이 심장병이나 뇌출혈과 같은 순환기계통의 질환으로 사망한다. 소위 과다하게 섭취하는 동물성 지방으로 인해 혈관에 콜레스테롤이 축적되어 각종 순환기계통의 질환이 유발되는 것이다. 이 순환기계통 질환은 미국인들의 사망원인 1위이다. 그러나 우리나라는 사망원인 1위가 암이고 순환기계통의 질환으로 사망하는 비율은 미국의 절반에도 못 미친다. 따라서 미국식 영양학이 건강을 위해 동물성 지방의 섭취를 줄이라는 것을 우리나라에 그대로 적용하는 것은 매우 부적절하다. 오히려 우리나라는 하루에 섭취하는 칼로리 중 지방으로 섭취하는 비율을 20% 이상으로 높여야 한다. 믿기지 않겠지만 우리는 지방의 섭취, 특히 동물성 지방의 섭취가 부족하기 때문이다.

한국인의 이상적인 영양소별 섭취에너지 비율은 탄수화물 65%, 단백질 15%, 지방 20%이다.[1] 그러나 우리나라 국민들의 평균 지방 섭취량은 19% 정도이며, 특히 50세 이상의 중장년층의 지방섭취 비율은 14% 미만으로 알려지고 있어 충격적이다. 그런데 근래에 채식열풍이 불면서 건강에 관심이 많은 중장년층이 더욱 열성적으로 채식위주

의 식사를 선호하고 있어 문제의 심각성이 커지고 있다. 그렇지 않아
도 중장년층의 지방섭취가 부족한 편인데 채식위주로 식단을 전환할
경우 영양불균형이 초래될 것이 불을 보듯 확실하기 때문이다.

　필로가 이런 내용으로 강연을 하다보면 다음과 같은 질문을 자주
받는다. 그렇다면 고기를 많이 먹지 않는 우리나라는 왜 미국처럼 비
만이 사회문제가 되었느냐는 것이다. 아주 좋은 지적이다. 정말 고기
를 많이 먹지도 않는 우리나라 사람들은 왜 비만이 문제가 되었을까?
분명히 다른 원인이 있을 것이다. 그 원인이 무엇이겠는가? 많이 먹었
기 때문이다. 고기를 많이 먹은 것이 아니라 다른 것을 많이 먹었기 때
문이다. 지난 20년간 우리나라 육류소비량의 증가보다 라면, 빵, 과자,
음료, 설탕, 참치 등과 같은 식품들의 소비량 증가는 폭발적으로 이루
어졌다.

　자연식품 소재인 소고기는 비만의 원인이 되기 어렵다. 특히 우리나라에서 한우고기를 많이 먹고 비만이 되기란 낙타가 바늘귀로 들어가기보다 힘들다. 많이 먹기도 힘들지만 지방을 포함한 고기 속의 영양소들은 섭취되는 족족 바로 생체유지를 위해 사용되기 때문이다. 즉, 마블링이 좋은 한우고기를 많이 먹는다고 비만이 되지 않는다는 말이다. 극단적인 예를 들어 설명하자면 이렇다. 만약 다른 식품은 먹지 않고 아침, 점심, 저녁식사로 1++등급의 한우고기만 먹으면 우리 몸은 어떻게 될까? 놀랍게도 비만이 되는 것이 아니라 날씬해진다. 소위 황제 다이어트 효과가 나타나는 것이다. 이것이 현대과학이 밝히고 있는 진실이다.

　그러므로 필로의 결론은 명확하고 분명하다. 마블링이 많은 한우고기를 먹을 수 있는 기회가 있다면 그 마블링의 맛을 충분히 즐겨도 좋다. 한우고기 속의 마블링이 비만의 원인이 되고 건강에 해가 된다는 생각은 버려도 좋다는 말이다. 한우고기는 먹을 수만 있다면 실컷 먹어도 좋은 지상 최고의 자연식품이다. 만약 비만과 지방의 섭취가 그렇게 걱정된다면 인스턴트식품이나 가공식품, 특히 당이 많이 들어 있는 탄수화물식품들의 섭취를 줄이는 것이 훨씬 현명할 것이다. 영양의 과잉시대에서 한우고기만큼 우리의 건강을 지킬 수 있는 자연식품은 그리 흔하지 않기 때문이다.

 각주

I LOVE HANWOO BEEF

1) 2010년 (사)한국영양학회가 발간한 한국인 영양섭취기준 개정판에 따르면, 19세 이상 성인의 영양소별 섭취에너지 권장량은 탄수화물 55~70%, 단백질 7~20%, 지방 15~25%이다. 참고로 서구의 여러 나라에서는 지방의 하루 섭취량을 전체 에너지의 30%까지 제한한다. 우리나라는 현재 그 비율을 평균 20%로 정하고 있다. 국민건강영양조사에 따르면, 한국인의 지방섭취 비율이 총 섭취 열량의 19%로 나타나 권장 수준 이하로 섭취하고 있는 것으로 조사되었다. 그러나 이 수치는 20년 전의 지방섭취 비율 9.6%와 비교하면 100% 증가된 것이다.

4. 마음껏 즐겨도 좋은 한우고기의 마블링

I LOVE HANWOO BEEF

한우고기의 마블링에 대한 오해와 편견 때문에 한우고기의 섭취를 기피하는 것만큼 어리석은 짓은 없다. 한우고기는 양질의 단백질을 우리 몸에 공급하는 최고의 음식으로, 양질의 단백질을 섭취하는 것은 우리의 건강과 밀접한 관련이 있기 때문이다. 그런데 한우고기의 마블링을 기름덩어리라고 말하면서 비만과 연결하는 것은 오버도 심한 오버가 아닐 수 없다. 만약 그렇게 비만이 걱정된다면 한우고기의 마블링이 아니라 섭취하는 총 식사의 양을 줄이는 것이 현명하다. 우리나라 사람들의 비만은 야식이나 간식, 스낵류의 과자나 당분이 많이 들어 있는 음료수, 첨가물이 많이 들어가는 가공식품이나 간편식품 또는 패스트푸드와 밀접한 관련이 있기 때문이다.

미국식 영양학에 포로가 된 사람들은 고기에는 지방이 많기 때문에 고기를 먹으면 뚱뚱해진다고 생각한다. 따라서 마블링이 좋은 한우고기를 먹으면 비만해질 것이라고 쉽게 생각할 수 있다. 하지만 이것은 고기에 대해 대단한 오해를 하고 있는 것이다. 한우고기는 부위에 따라 지방함량의 변이가 크지만 도체의 경우 약 20%(피하지방 포함), 거래정육의 경우 약 10%(근간지방 포함), 그리고 우리가 실제 정육점에서 사먹는 살코기의 경우에는 약 5% 미만(근내지방 포함)의 지방만이 고기 속에 존재하고 있다. 물론 1⁺등급이나 1⁺⁺등급 한우고기의 등심 부위는 마블링이 좋기 때문에 대략 10~20% 정도의 근내지방 함량을 가지고 있다. 그러나 다른 부위들은 대부분 5% 미만의 근내지방을 가지고 있다. 따라서 일반적으로 사람들이 섭취하는 한우고기에는 5% 미만의 지방이 존재하기 때문에 한우고기는 지방함량이 많은 식품이라고 하기 어렵다.

마블링이 좋은 한우고기를 먹으면 지방 때문에 비만해진다고 하는 것은 운동을 하면 땀을 많이 흘리기 때문에 비쩍 마른다고 하는 것과 같이 말이 되지 않는다. 만약 한우고기의 마블링을 비만의 주범이라고 하려면 소고기를 미국이나 아르헨티나 또는 호주 사람들처럼 매일 엄청나게 먹어야 한다. 만약 이 글을 읽고 있는 당신이 한우고기를 그렇게 많이 먹지도 않는데 배가 나오거나 살이 쪘다면, 당신은 비만의 원인을 한우고기의 마블링에서 찾지 말고 다른 것에서 찾아보기를 권한다. 우리의 몸은 생활하는데 필요한 에너지보다 더 많은 에너지가 섭취되면, 여분의 에너지를 지방의 형태로 몸에 축적시키기 때문이다. 즉, 한우고기가 아니라 이것저것을 너무 많이 먹는 것이 비만의 원인이라는 말이다.

　현대인에게 있어 비만이 문제가 되는 이유는 당뇨병이나 고지혈증 또는 동맥경화와 같은 거의 모든 성인병의 원인이 되기 때문이다. 이러한 비만은 지속적으로 행해지는 나쁜 습관 때문에 발생한다. 특히 나쁜 식습관이 결정적인 원인이다. 야식이나 간식을 즐기는 사람은 비만과 멀어질 수 없고, 식사가 불규칙하거나 폭식이나 편식을 하는 사람도 비만으로부터 자유로울 수 없다. 또한 만성적인 운동부족도 비만의 주요인이다. 따라서 한우고기를 전혀 먹지 않아도 다른 것을 많이 먹으면서 운동을 하지 않으면 배가 나오고 피둥피둥 살이 찌는 것을 피할 수 없다.

　식사를 통해 필요 이상으로 섭취된 여분의 지방이나 당분은 모두 아세틸조효소 A라는 물질을 통해 중성지방이 되어 지방세포에 축적된다. 특히 당분이 많은 식품을 지속적으로 먹으면 지방의 축적이 전

폭적으로 이루어진다. 따라서 어린아이들이 설탕이 들어간 과자류를 습관적으로 섭취하는 것은 소아비만의 주요 원인이 된다. 더 심각한 문제는 과다한 당분의 섭취가 고지혈증과 높은 상관관계가 있다는 점이다. 따라서 비만을 피하고자 한다면 어떻게든 당분의 섭취를 줄이려는 다양한 노력이 필요하다. 당분 중에서도 특히 설탕이 중성지방으로 전환되는 요주의 물질이다. 그러나 전분은 에너지가 과잉인 경우를 제외하고는 중성지방으로 거의 전환되지 않는다. 그러니까 한우고기에 밥을 적당히 먹는 것이 비만과 거리가 먼 좋은 식단이라고 할 수 있다.

미국식 영양학에 따르면 고기를 많이 먹으면 동시에 많이 섭취되는 동물성 지방이 동맥경화와 관련된 각종 성인병의 주요인이라고 한다.[1] 이런 미국식 영양학에 고무된 채식주의자들은 식물성 식품에는 콜레스테롤이 존재하지 않는 반면, 고기 속에는 높은 농도의 콜레스테롤이 존재하고 있다는 점을 강조한다. 특히 고기의 포화지방산이 혈중 콜레스테롤 수치를 상승시킨다는 것에 방점을 찍는다. 따라서 마블링이 많은 한우고기를 먹으면 혈중 콜레스테롤 수치가 상승된다고 주장한다. 얼핏 이런 말을 들으면 정말 한우고기의 마블링이 콜레스테롤과 관련된 성인병의 원인이 될 것처럼 느껴지기도 한다. 하지만 이는 과학적으로 신뢰성이 매우 부족한 미완의 연구가설일 뿐이다.

한우고기에 가장 많이 들어 있는 지방산은 단가불포화지방산인 올레인산이고, 그 다음으로 포화지방산인 팔미틱산과 스테아린산의 순서로 많이 들어 있다. 이중에 채식주의자들이 동맥경화와 심근경색으로 문제를 삼는 것이 바로 포화지방산이다. 그런데 근래 과학자들은 스테아린산이 인체에 유익하다고 알려진 고밀도지질단백질(HDL)의 수치는 상승시키고 인체에 해로운 저밀도지질단백질(LDL)은 감소시킴으로 혈중 콜레스테롤 수치를 낮춘다는 사실을 밝혀냈다.[2]

더욱이 최근에는 한우고기에 가장 많이 들어 있는 단가불포화지방산인 올레인산도 LDL의 수치를 감소시키는 작용을 한다는 사실이 밝혀지면서, 한우고기 속에 존재하는 지방산들이 콜레스테롤과 관련하여 건강에 유해하기보다는 오히려 혈관의 건강에 좋은 영향을 미친다는 것이 과학적으로 인정되기에 이르렀다. 그러니 이제 채식주의자들은 한우고기가 건강에 유해하다는 과학적인 증거를 애꿎은 마블링에서 찾을 것이 아니라 다른 것에서 찾는 노력을 해야 한다.

현재 우리나라 국민들은 하루에 지방을 46g 정도 섭취하고 있다. 이는 매일 섭취하는 총 열량의 약 20% 정도를 지방으로 섭취하는 것으로 매우 이상적인 상태다. 그러나 최근 식생활이 서구화되면서 지방섭취가 빠르게 증가하는 추세를 보이고 있는데, 특히 패스트푸드를 즐기는 어린이와 청소년의 지방섭취가 문제가 되고 있다. 전문가들은 최근 들어 비만, 심장병, 동맥경화, 뇌졸중, 당뇨병 등 생활습관병과 유방암, 전립선암, 대장암 환자 수가 크게 늘어난 것은 지방의 섭취량이 증가한 것과 연관이 있다고 지적한다. 한우고기처럼 천연자연식품에 들어 있는 지방이 문제가 아니라 각종 패스트푸드나 가공식품에 들어 있는 진짜 나쁜 지방들의 섭취량 증가가 문제라는 말이다.

한우고기의 마블링을 기름덩어리라고 말하는 사람들은 빵이나 과자 또는 라면이나 자장면 속에 들어 있는 진짜 나쁜 지방은 제대로 보

지 못한다. 보통 사람들은 소고기의 지방을 건강에 나쁘다고 알려지고 있는 포화지방이라고 오해하지만, 소고기의 지방은 100% 포화지방으로 구성되어 있는 것이 아니다. 아니, 오히려 불포화지방산의 비율이 더 높다. 반면 과자, 라면, 초콜릿, 커피 등에 들어 있는 팜유나 코코넛유는 식물성 지방이지만 소고기보다 포화지방의 비율이 더 높은 식품이다. 이처럼 포화지방은 고기를 먹지 않더라도 자신도 모르게 과잉 섭취될 수 있다. 버터나 식용유같이 눈에 보이는 지방도 있지만 빵이나 파이의 쇼트닝, 과자나 튀김의 트랜스지방 등은 보이지 않게 섭취하는 지방이다. 특히 이런 가공제품이나 패스트푸드에서 발견되는 트랜스지방의 해악은 포화지방의 두 배에 달한다.

세계보건기구(WHO)가 하루에 섭취하는 총 열량 중에 지방이 차지하는 권장비율은 30% 이내이다. 특히 포화지방은 10% 이내, 트랜스 지방은 1% 이내로 섭취하라고 권고하고 있다. 이것을 하루에 2,000kcal 정도 섭취하는 사람의 경우로 환산하면, 지방은 하루 66.7g 이하, 포화지방은 22.2g 이하, 트랜스지방은 2.2g 이하로 먹어야 한다는 말이다. 참고로 성인 남성의 하루 권장 섭취 열량은 2,600kcal이고 여성은 2,100kcal이다.

우리나라는 지방의 하루 섭취 제한량을 WHO 권장량보다 적은 50g으로 규정하고 있다. 대략 자기 체중 1kg당 하루 지방 섭취량이 1g을 넘겨서는 안 된다는 것이다. 수치로만 보면 지금 우리나라는 그 어떤 나라보다 지방을 잘 먹고 있다. 가공식품이나 패스트푸드로부터 나쁜 지방을 섭취하는 것만 자제한다면, 한우고기의 마블링은 마음껏 즐겨도 무방하다는 말이다.

1) 한겨레신문, 조선일보(2005년 1월 14일). 적색육 많이 먹으면 대장암 위험. 미국암학회 역학 연구실장 마이클 선 박사는 '미국의학협회 저널' 신년호에 발표한 연구보고서에서 이 같은 사실 이 확인됐다고 밝혔다. 지금까지 육류의 과다섭취가 대장암과 연관이 있다는 연구보고서가 20여 건 발표가 되었지만, 이 최신 연구보고서는 그 중에서도 최장기간에 걸쳐 실시된 최대규모의 조 사분석 결과이다. 한편 네덜란드 위트레흐트대학 메디컬센터의 페트라 페터스 박사는 같은 의학 전문지에 발표한 또 다른 연구보고서에서 유럽 8개국 여성 28만5천 명(25-70세)을 대상으로 식습관을 조사하고 평균 5.4년을 지켜본 결과, 채소와 과일을 많이 먹는 것이 유방암 위험을 감 소시키는 효과가 없는 것으로 나타났다고 밝혔다.

2) 아시아경제 (2006년 5월 31일). 크라우스 박사의 연구결과, 일반 식사를 한 이들에 비해 탄 수화물 섭취를 적게 한 이들의 신체에서 해로운 글리세리드가 감소한 것이 발견됐다. 또한 전체 콜레스테롤 수치 중에서 나쁜 콜레스테롤인 LDL은 낮아진 반면 좋은 콜레스테롤인 HDL은 높 아졌다. 기타 혈관 내 지방 축적에서도 개선이 보였다. 크라우스 박사는 탄수화물, 특히 단당류 가 허벅지나 복부에 지방 축적을 돕듯이 지방간 발병을 증가시키고 혈관 내 지방이 쌓이도록 한 다며 "이는 결국 혈류를 방해한다"고 설명했다. 그는 지방 축적을 막기 위해 탄수화물을 제한한 다면 "혈액 내 지방 수치를 낮추는 동시에 혈류에 도달하기 전 지방을 파괴하는 신체능력까지 증 대된다"고 주장했다. 많은 사람들이 표준 식단 추천에 따라 에너지 섭취 중 54%를 탄수화물로 유지하고 있다. 크라우스 박사는 "이번 연구 결과와 같은 효과를 얻으려면 일반적으로 건강에 안 좋다는 음식만 피하면 된다"면서 대표적으로 설탕이 많이 들어간 음식이나 백미, 파스타, 하얀 빵 등을 예로 들었다.

5. 채식공화국 대한민국의 슬픔

I LOVE HANWOO BEEF

"대한민국은 건강한 장수와 풍요로운 삶을 위해 지금보다 고기를 더 많이 먹어야 한다. 특히 한국인은 한우고기를 지금보다 훨씬 더 많이 먹어야 한다."

필로는 인터넷이나 강연 등을 통해 이런 주장을 하고 있는데, 그러다 보니 자주 채식주의자들과 설전을 벌이게 된다. 아마도 채식주의자들에게는 "대한민국은 고기를 더 먹어야 한다!"는 필로의 말이 말도 되지 않는 말로 들리기 때문일 것이다. 21세기 대한민국에 사는 누구나 육식이 건강에 좋지 않다고 공감하고 있는데, 필로의 주장이 그들에게는 충격적으로 들리는 것 같다. 즉, 육식이 비만의 원인이자 각종 성인병의 주범이라고 알고 있는데, 고기를 더 먹으라는 필로의 말이 마치 비싼 돈 들여 건강을 해치자는 말로 들리는 것이다. 그래서 설전을 펼치다보면 그들은 필로의 말에 꼬투리를 달아가며 반박을 하고, 또 근거도 없는 말로 육식의 단점을 들이댄다.

그러나 필로는 대한민국의 채식주의자들은 고기와 육식에 대해 보다 정확한 지식으로 무장한 다음 채식을 주장하기를 권한다. 공연히 허튼 믿음으로 과학적 근거도 없는 주장을 루머처럼 퍼트리는 것은 국민의 건강을 담보로 벌리는 무책임한 말장난에 불과하기 때문이다. 정말 그들의 주장대로 사람은 육식동물보다 초식동물에 가까운가? 동양인은 장이 길어 육식에 부적합한가? 육식을 하면 성질이 짐승처럼 난폭해지고 수명이 단축되는가? 채소는 몸에 좋고 고기는 몸에 나쁜가? 필로는 이런 말들이야말로 정말 말도 안 되는 말이라고 믿는다. 하지만 어느새 우리 사회는 이런 말들이 정설처럼 알려지고 있고, 그 결과 한우고기를 포함한 육류의 섭취를 기피하거나 혐오하는 분위기가 형성되고 있어 필로를 안타깝게 만든다.

인간이 육식동물보다 초식동물에 가깝다고 주장하는 과학자들은 사람의 위액 산도(pH)가 초식동물과 유사하다는 점을 강조한다. 즉, 육식동물의 위액 pH는 인간이나 초식동물에 비해 산성이고, 입안에서 분비되는 침의 pH도 사람이나 초식동물은 알칼리성인데 반해 육식동물은 산성이기 때문에 사람은 초식동물에 가깝다는 것이다. 또 인간의 치아나 내장의 구조가 초식동물과 비슷하다는 점도 자주 강조된다. 인간의 어금니는 초식동물처럼 평평하고 턱뼈의 구조도 식물을 잘 씹을 수 있도록 되어 있다는 것이다. 게다가 장(腸)의 구조도 육식동물은 섭취한 고기를 빨리 통과시키기에 편리하도록 파이프 모양으로 되어 있지만, 인간은 초식동물처럼 구불구불하고 울퉁불퉁한 구조로 되어 있는 점을 보면, 초식동물에 가깝다는 주장이다. 정말 그럴듯하게 들리지 않는가?

그러나 진화론자들이 말하는 과학적 사실은 이와 많이 다르다. 구석기시대의 유물들은 인간이 약 250만 년 전부터 고기를 먹기 시작했다는 것을 잘 보여준다. 고기를 다루는 데 사용했던 각종 도구들이 구석기인들은 육식을 하였다는 것을 반증하고 있는 것이다. 이 같은 증거들은 구석기시대의 화석에서도 많이 발견된다. 인간은 육식동물이었다고 주장하는 과학자들은 원인(猿人)의 치아가 육식동물의 이빨과 비슷하다는 사실을 증거로 내세우며, 훗날 신석기시대의 농경사회와 함께 잡식성의 생활을 하면서 치아의 구조도 그에 맞게 진화되었다고 주장한다. 더욱이 인간의 위나 장 등 소화기관의 크기나 길이가 초식동물에 비해 작고 짧은 것도 인간이 원래 육식동물이었다는 것의 강력한 증거라고 말한다.[1]

자연과학을 연구하는 필로는 현대인들이 신뢰하는 과학적 지식은 '믿음의 영역 내에 있는 믿음의 선택'이라고 생각한다. 즉, 과학자의 믿음에 따라 그 믿음의 증거들이 얼마든지 발견되거나 만들어질 수 있으며, 어떤 과학적 지식을 믿느냐에 따라 한 사람의 생활양식도 달라질 수 있다는 말이다. 따라서 현대를 살아가는 우리들은 어떤 과학적 지식을 믿고 행동할 것인가에 대해 심각한 고민의 선택을 해야 한다. 믿음에 따라 건강을 망치는 교만한 우를 범할 수도 있고, 또 건강을 지키는 현명한 생활습관도 만들어질 수 있기 때문이다.

생물학적으로 인간은 잡식성 동물로 분류된다. 우리의 조상들은 수렵으로 육식거리를 구했고 채집으로 채식거리를 얻었다. 그런데 인류가 시작된 것으로 믿어지는 구석기시대에는 채집보다는 수렵으로 주요 먹을거리를 장만한 것으로 보인다. 구석기시대의 유적지에서는 채식거리와 관련된 유물보다는 고기를 절단하는데 사용된 돌이나 도구 등이 압도적으로 많이 발견되기 때문이다. 흥미로운 점은 육식 위주의 생활을 했던 구석기시대의 사람들은 농경시대가 시작된 신석기시대나 청동기시대 사람들보다 체구가 훨씬 컸다는 점이다. 구석기시대 남성의 평균 신장은 177.2cm이지만 청동기시대가 시작되면서 평균 키가 166cm로 작아진다. 식습관의 변화가 평균수명뿐만 아니라 체형이나 체구까지 변화시킨 것이다.

인류의 식생활이 잡식(雜食)으로 바뀐 것은 기원전 4천~1만 년 전,

즉 구석기에서 신석기와 청동기시대로 전환되는 기간에 이루어졌다. 수렵이동에서 농경정착으로 전환된 것이 잡식의 계기가 되었는데, 이로 인해 식생활뿐만 아니라 질병의 양상도 달라졌다. 수렵시절에는 없던 칼슘의 부족으로 골다공증, 철분 결핍에 기인한 빈혈 등 새로운 질환이 출현한 것이다. 요즘 우리가 믿고 있는 건강관련 상식에 비춰보면, 채식을 주로 하고 먹을거리가 풍족했던 신석기시대 사람들이 육식을 주로 했던 구석기시대 사람들에 비해 더 건강해야 하는데, 선사시대 유골을 비교하면 신석기인은 구석기인보다 체구도 작고 감염성 질환 등 질병에 걸린 흔적도 많이 발견된다. 이런 증거들이 무엇을 의미하는가?

미국의 영양학자들은 하루에 섭취하는 열량 가운데 45%는 탄수화물에서, 30%는 단백질에서, 25%는 지방에서 얻으라고 권장한다. 그런데 현재 우리나라 사람들은 평균 섭취열량의 60~70%를 탄수화물에서 공급받고 있으며, 지방으로부터 공급받는 열량은 20% 내외에 머물고 있다. 이 같은 현상은 중장년층으로 갈수록 심해진다. 또한 성장기의 체격 형성이나 노년기의 감염성 질환 예방 등과 밀접한 관련이 있는 양질의 단백질 섭취는 절대적으로 부족한 편이다. 채식주의자들의 노력으로 과일이나 채소 등을 섭취하는 채식은 건강에 이롭고 한우고기와 같은 육류의 섭취는 해롭다고 막연하게 생각하는 사람들이 많아지고 있기 때문이다.

현재 대한민국은 채식주의 선풍으로 육식이 건강에 나쁜 천덕꾸러기 취급을 받고 있다. 그 결과, 육식을 기피하고 채식을 선호하는 식습관이 탄수화물의 과잉 섭취를 유도하고 있어 건강에 적신호가 켜지고 있다. 채식주의자들은 대한민국을 비만하게 만들고 있는 주범이 한우고기의 마블링과 같은 동물성 지방이 아니라 달콤한 탄수화물이라는 점을 알아야 한다. 탄수화물 중에서도 당분이 많이 들어 있는 식재료로 편중된 식단이 대한민국의 비만을 주도하고 있음을 직시해야 한다.

그럼에도 불구하고 비행기 기내식도 채식주의자 메뉴가 따로 제공되고 있고, 채식주의자용 가짜 고기까지 인기를 끌고 있다. 과연 채식공화국 대한민국은 잘 먹고 있는 것일까?

 각주

1) 박태균, 우리, 고기 좀 먹어볼까? (2013년, 디자인하우스)

6. 채식주의자도
한우고기는 먹는 것이 좋다
I LOVE HANWOO BEEF

일반적으로 육식의 반대는 채식이라고 알려져 있다. 하지만 필로는 이 말에 동의하지 않는다. 육식은 채식을 포함하지만 채식은 육식을 하지 않는 것이기 때문이다. 그래서 필로는 채식이야말로 지독한 편식이라고 주장한다. 물론 채식에도 여러 종류가 있다. 우유를 마시면 '락토(lacto)', 우유와 달걀을 먹으면 '락토-오보(lacto-ovo)', 우유와 달걀에 생선까지 먹으면 '페스코(pesco)', 여기에 닭고기까지 먹으면 '세미(semi)' 채식주의자라고 한다. 우리가 흔히 말하는 채식주의자는 '비건(vegan)'으로 동물성 식품을 일절 먹지 않는 사람들을 말하는데, 비건 중에는 식물도 생명이 있다며 줄기와 뿌리는 먹지 않고 오직 과실만 먹는 '푸르테리언(fruitarian)'들도 있다. 그러나 이름이야 어떠하든지 간에 채식주의자들은 특정 음식을 의식적으로 골라 먹지 않는 편식주의자들인 것이 사실이다.

우리는 현대 영양학과 의학이 편식을 비만의 주범으로 지목하고 있는 것에 주목하여야 한다. 하지만 최근의 거세게 불고 있는 웰빙 열풍으로 '채식=웰빙식'으로 인식되면서 채식주의자, 즉 편식주의자들이 늘고 있다는 점이 문제다. 건강한 먹거리에 대한 사람들의 관심이 날로 고조되면서 채식주의자들의 주장이 힘을 받고 있기 때문이다. 영양의 과잉시대에서 영양이 다소 부족한 채식을 하면 만병의 원인으로 지목받고 있는 비만을 피할 수 있다는 점이 설득력을 가지는 것이다. 하지만 이것은 하나만 알고 둘은 모르는 매우 위험한 생각이다. 채식을 하는 편식이 우리의 몸을 더 빠르게 비만으로 이끌 수 있기 때문이다.

그런데 채식주의자들은 고기를 못 먹게 하려는 자신들의 주장을 합리화시키기 위해서 별별 희한한 주장을 만들어내기도 한다. 심지어 우리나라 채식주의자들 중에는 육식동물보다 초식동물의 소화관의 길이가 긴 것에 빗대어 서양인에 비해 동양인은 장의 길이가 길어 육식보다 채식에 더 적합하다고 주장하는 사람도 있다. 즉, 서양인은 장의 길이가 신체 길이의 3배 정도인 5~6m인 반면, 동양인은 4배 정도인 7~8m이기 때문에 고기보다는 곡류와 채소 등을 소화시키기 적합하다는 말이다. 이런 주장을 하는 사람들은 만약 장의 길이가 긴 동양인이 서양인처럼 고기를 많이 먹으면 음식이 장내에 머무르는 시간이 그만큼 길어져 건강에 해로운 물질이 생길 수 있다는 경고를 잊지 않는다.

하지만 구체적으로 인종별 장의 길이까지 제시하는 이런 주장은 그 어떤 근거도 없이 만들어진 속설일 뿐이다. 실제로 2004년 영국과 일본의 병원에서 협동으로 조사한 결과에 따르면, 동양인과 서양인의 소화관의 길이는 크게 다르지 않았다. 사실 동양인이 쌀을 주식으로 하고 채식을 즐긴 것은 불과 수천 년 전부터라고 할 수 있다. 진화론적인 관점에서 보더라도 이 짧은 기간에 식습관의 변화로 소화관의 길이가 유의적으로 길어졌다는 것은 말이 되지 않는다. 이 정도의 짧은 시간 내에 동양인이 섬유질이 많은 채식위주의 식생활에 적응해 소화관의 길이가 서양인보다 훨씬 길어졌다는 것은 소설과 같다는 말이다.

이처럼 채식주의자들은 종종 채식의 장점을 알리고자 하는 욕심이 너무 큰 나머지 터무니없고 비과학적인 내용으로 사람들을 현혹하기도 한다. 심지어 사람의 성격도 먹거리에 따라 좌우되는데 채식으로 우울증, 조울증 등의 치료가 가능하다고 주장한다. 또 채식을 하면 집

중력이나 기억력 등이 향상돼 학습능력도 향상된다고 주장하는 사람도 있다. 그러나 이 같은 주장들은 하나같이 과학적인 증거가 부족한 일방적인 루머와 같은 것이다. 실제로 육식을 하는 것이 우울증 예방에 좋고 활발한 성격형성에도 효과적으로 작용하는데, 과학자들은 그 이유를 뇌에서 만들어지는 세로토닌이라는 물질에서 찾고 있다. 세로토닌은 채식보다는 육식을 해야 잘 만들어진다.

그럼에도 불구하고 채식주의자들의 이런 일방적인 주장을 계속 듣다보면 육식이 정말 건강에 해가 될 수도 있겠다는 의심이 들게 된다. 그리고 한번 의심이 들면 그 의심은 계속 부풀어져 결국 그렇게 맛있는 한우고기를 먹지 못하고 채식이라는 편식을 하게 된다. 채식은 지독한 편식이기 때문에 한우고기뿐만 아니라 동물성 식품을 가려서 먹게 되는데, 우리가 다 잘 알고 있다시피 육류, 생선, 야채, 과일 등을 고루 섭취하는 것이 건강에 좋은 균형식이다. 따라서 바른 식생활로 건강을 지키려는 현대인들은 과연 어느 것이 건강을 위해 바람직한지 상식적이고 과학적인 판단을 하는 것이 중요하다.

육식이 현대인의 비만과 각종 성인병들의 원인이라고 주장하는 채식주의자들은 탄수화물 섭취에 편중된 편식이야말로 진짜 문제라는 것을 직시해야 한다. 한우고기와 같은 자연식품이 문제가 아니라는 말이다. WHO가 지적하고 있는 바처럼 지방, 소금, 당분을 다량 함유하고 있는 탄수화물식품들, 즉 패스트푸드, 과자, 사탕, 탄산음료 같은 식품들로 일관하는 편식이 진짜 문제다. 많은 전문가들도 한국인의 평균 체중 증가의 원인을 이런 중독성이 있는 식품들로 끼니를 대충 때우

는 잘못된 식습관과 편식이라고 지적하고 있다.

　우리 주변을 돌아보면 요즘 사람들은 영양의 과잉시대에서 균형잡
힌 식사를 하기 어려워지고 있으며, 달콤하고 구미가 당기는 자극적인
음식에 입맛이 길들여져 가고 있는 것을 쉽게 알 수 있다. 탄수화물식
품들은 그 자체가 맛이 별로 없기 때문에 지방, 소금, 당분을 첨가하여

조리를 하게 된다. 이렇게 만들어진 달콤하고 자극적인 탄수화물 음식
들은 입맛을 쉽게 사로잡을 뿐만 아니라 중독성이 있어 편식을 하게
만들며, 이런 편식이 체중을 증가시키는 직접적인 원인이 된다. 게다
가 진짜 심각한 문제는 이런 탄수화물 음식들은 적게 먹어도 체지방
율을 탁월하게 증가시키는 효과가 있다는 점이다.

확실히 현대인의 비만을 주도하고 각종 성인병의 원인을 제공하는
편식은 당분과 각종 식품첨가제들을 다량 함유하고 있는 탄수화물식
품들에 의해 이루어진다. 쉽게 말해 피자, 햄버거, 빵, 과자, 초콜릿, 사
탕, 콜라, 술, 라면, 쫄면, 떡볶이 등과 같이 달콤하면서도 자극적인 탄
수화물식품들이 문제라는 것이다. 특히 빠르게 포만감을 안겨주는 단
순당 식품들은 영양불균형을 초래하여 체중 증가는 물론 다양한 현대
성인병의 직접적인 원인이 된다. 그러니 괜히 소고기, 돼지고기, 닭고

기와 같은 고단백질 천연식품들을 비만이나 편식과 연결시키지 말라는 소리다. 특히 마블링이 우수한 것을 오해하여 한우고기의 섭취를 비만과 연결시키는 것은 매우 웃기는 경우다.

결론적으로 채식주의자들이 말하는 것처럼 마블링이 많은 한우고기는 문제가 아니며 문제가 될 수도 없다. 한우고기는 아무리 맛이 있어도 편식하기 정말 어려운 식품이기 때문이다. 필로도 누구보다 한우고기를 좋아하지만 아침, 점심, 저녁식사를 한우고기로만 할 수는 없다. 경제적으로 뒷받침이 안 될뿐더러 아무리 돈이 많다고 하더라도 한우고기는 한꺼번에 많이 지속적으로 먹을 수 없기 때문이다. 그러니까 한우고기는 먹을 수 있는 기회가 생기면 마음껏 즐겨 먹는 것이 건강을 위해 현명한 처사다. 아니면 채식주의자라고 할지라도 한우고기를 장조림이나 국거리용으로 매끼 밥상에서 빠트리지 말고 섭취하는 것이 건강을 위해 바람직할 것이다.

7. 목숨 걸고 한우고기 편식하기

I LOVE HANWOO BEEF

요즘 대한민국에서 육식은 동네북이다. 암, 고혈압, 당뇨병, 심장병, 뇌졸중, 치매 등 각종 현대 성인병 증가의 원인이 육식 위주로 변한 서구식 식생활이기 때문이다. 그런데 대한민국의 모든 언론매체들이 이렇게 보도하고 있고, 또 모든 국민들이 그렇게 믿고 있는 이 말은 사실일까? 정말 육식 위주로 변한 서구식 식생활이 각종 성인병의 원인이냐는 말이다. 그래서 한우고기를 먹는 것이 건강에 나쁘다고 말해도 좋으냐는 것이다.

우리 주변을 보면 한우고기와 같은 육류는 건강에 나쁘고 현미밥이나 채식이 건강에 좋다고 믿는 사람이 급증하고 있다. 신문이나 TV 등 모든 언론매체들에서 그런 말을 너무 자주 보고 듣기 때문이다. 언론에서 특정 질병이 증가하는 이유를 분석할 때 자주 거론하는 것이 스트레스, 비만, 흡연 및 육식이다. 이 4가지는 특정 질병과 인과관계가

확인되지 않더라도 기자들이 별 부담감 없이 언급하고 기술한다고 한다. 중앙일보 의약식품전문기자인 박태균 기자에 따르면, 이 4가지는 그 누구도 반론을 제기할 만한 후환이 없기 때문에 어떤 질병과 관련해서도 부담감 없이 건드릴 수 있다고 한다.

그래서 맛있고 건강에도 좋은 한우고기는 채식의 열풍 속에서 가장 억울한 식품에 속한다. 2009년도에 MBC스페셜을 통해 방송된 '목숨 걸고 편식하다'는 지금까지 많은 사람들에게 회자되며 인기를 끌고 있다. 이 방송의 내용은 지금도 인터넷 등을 통해 쉽게 다시 볼 수 있으며, 책으로까지 발간되어 많은 사람들에게 읽히고 있다. 그리고 그 방송에 나온 대구의료원 신경외과 황성수 과장은 여러 곳에서 초청강사로 초대되어 현미밥 열풍의 주인공이 되고 있다.

'목숨 걸고 편식하다'에서 황성수 과장이 주장하는 내용은 간단하다. 고혈압 환자들은 장기간 먹던 약을 끊고 현미밥으로 채식을 하면 고혈압을 치료할 수 있다는 것이다. 특히 현미채식을 할 때 고기, 생선, 계란, 우유 등 동물성 식품의 섭취를 절대 금해야 한다. 하다못해 국을 만들 때도 멸치로 육수를 내서는 안 된다. 철저하게 채식을 해야 고혈압이 치료되는 것이다. 그리고 방송에는 황성수 과장의 방법대로 철저한 채식을 하여 고혈압에서 벗어난 몇몇 환자들의 경우가 소개된다.

황성수 과장은 의료기술은 점점 발전하는데 고혈압 환자의 수는 줄지 않는 의문이 들어 연구에 연구를 거듭하였다고 한다. 그리고 고혈압과 같은 질병들이 식습관과 밀접한 관련이 있다는 단서를 발견하고, 자신의 몸을 걸고 실험을 하기 시작했단다. 1991년부터 현미채식을 하였고 2000년부터는 생식을 한 결과, 몸이 달라지는 걸 느꼈단다. 그래서 1년 동안 자신이 경험해 본 채식 방법을 환자들에게 권유하였는데, 놀랍게도 많은 환자들이 그의 식이방법으로 고혈압 약에 의존하지 않고 치료가 되었다고 한다.

그 방송은 고기박사 필로마저 "나도 당장 고기를 끊고 채식을 해야지"라는 생각이 들 정도로 충격적이었다. 아무래도 우리 몸은 우리가 무엇을 먹느냐에 따라 달라질 것이고, 소크라테스가 말한 것처럼 음식으로 치료할 수 없는 것은 약으로도 치료할 수 없기 때문이다. 확실히 우리는 영양의 과잉시대에서 고혈압이나 당뇨병과 같은 각종 현대 성인병에 시달리고 있고, 황성수 과장의 주장대로 그런 질병은 식습관과 밀접한 관련이 있기 때문에 식생활의 변화가 필요한 것이 사실이다.

그런데 그 방송을 보는 내내 들었던 생각은, 왜 모든 사람들이 목숨까지 걸어가며 현미채식의 편식을 해야 건강을 지킬 수 있는 것처럼 말하느냐는 것이었다. 방송에 나온 환자들처럼 고혈압으로 고통을 받고 있는 사람들은 치료의 목적으로 지독한 채식의 편식이 필요할 수도 있다. 아무래도 식물성 식품에는 콜레스테롤이 전혀 없기 때문에 혈중 콜레스테롤 수치를 줄여 혈관을 확장하는데 효과적일 수 있기 때문이다. 하지만 지금 고혈압과 관계없는 사람들을 장래의 고혈압 환자로 가정하고, 그 고혈압을 예방하기 위한 수단으로 그 지독한 현미채식의 편식을 권하는 것은 지나쳐도 많이 지나친 처사가 아닐 수 없다.

더구나 지독한 현미채식의 편식이 단기적으로 고혈압을 치료하는 효과가 있다고 하더라도, 이런 효과는 다른 식품들을 통해서도 충분히 얻을 수 있다. 즉, 현대 영양학이 밝히고 있는 것처럼 영양학적으로 다소 부족한 식물성 식품들을 이용한 식이요법의 효과는 한우고기와 같이 영양적으로 우수한 식품을 단일 항목으로 편식해도 얻을 수 있다는 것이다. 소위 '황제다이어트'가 바로 그런 것이다. 그리고 사실 그런 식이요법은 오히려 건강한 사람들에게는 영양적인 균형을 깨트리

지 않고 효과를 볼 수 있는 더 좋은 방법이다.

쉽게 말해 이렇다. 한참 성장기인 12살짜리 초등학교 5학년인 필로의 딸은 약간 통통하게 살이 쪘는데, 그렇다고 해서 고기, 생선, 우유, 계란 등을 끊고 현미채식을 시키는 것이 과연 건강에 좋겠냐는 것이다. 만약 필로의 딸이 소아비만에 고혈압 약을 먹고 있는 상태라면 치료의 목적으로 현미채식이 큰 도움을 줄 수 있을 것이다. 하지만 단지 살을 빼는 다이어트 목적이나 건강한 체력 또는 체격을 갖기 위한 식이요법으로 현미채식을 권하는 것은 매우 부적절하다는 말이다. 차라리 영양만점인 한우고기 하나로 '황제다이어트'를 실시하는 것이 살도 빼고 키도 크고 체력도 증진시키는 훨씬 좋은 방법이라는 것이 필로의 생각이다.

그러나 현대 성인병의 원인을 잘못된 육식의 식습관으로 몰고 가는 언론에 자주 노출되다 보면, 마치 현미채식과 같은 극단적인 편식이 건강에 좋은 식이법이라고 오해할 수 있다. 그런 사람들이 결정적으로 저지르기 쉬운 오해는 자연식품인 한우고기도 패스트푸드나 가공식품과 동일하게 취급한다는 사실이다. 한우고기를 많이 먹지도 않으면서, 패스트푸드나 가공식품을 많이 먹어 문제가 생긴 것을 애꿎은 한우고기에게 뒤집어씌우는 것이다. 그래서 대한민국의 한우고기는 억울하고 또 억울하다.

2004년도 말에 모간 스퍼록(Morgan Spurlock) 감독이 제작한 '슈퍼 사이즈 미'라는 다큐멘터리 영화가 전 세계적으로 큰 반향을 불러일으켰다. 모간 스퍼록 감독은 영화를 위해 자신의 몸을 직접 실험용으로 이용했는데, 한 달 동안 패스트푸드만을 섭취하면서 신체의 변화를 영상으로 찍어 공개했다. 그 영상은 상상 이상으로 충격적이었는데, 나흘도 안 돼 스퍼록 감독은 소화불량과 복통을 호소하더니 구토를 시작하였고, 3주 후에는 고혈압과 콜레스테롤의 급격한 증가와 지방간 때문에 심한 고통을 겪었다. 한 달 후 스퍼록 감독은 11kg이 늘었고, 혈중 콜레스테롤 수치가 230까지 올랐다. 누구나 이런 장면을 목격하면 패스트푸드가 얼마나 몸에 좋지 않은지 확신하게 된다.

그런데 문제는 육식이 건강에 좋지 않다는 대부분의 주장들이 이렇게 극단적인 실험의 결과를 토대로 하고 있다는 점이다. 그리고 패스트푸드의 단점을 말하면서 그것이 마치 육식의 단점인 것처럼 교묘하게 포장을 한다. 그러나 대부분 기름에 튀긴 패스트푸드(햄버거 패티, 감자튀김, 콜라 등)와 자연식품인 한우고기는 그 근본이 완전히 다른 식품이다. 요즘 우리나라에서 암, 고혈압, 당뇨병, 심장병, 뇌졸중, 치매 등 각종 현대 성인병이 증가하고 있는 원인은 패스트푸드나 가공식품의 섭취가 늘어난 식습관 때문이지 한우고기를 많이 먹어서 그런 것이 아니라는 말이다. 아니, 한우고기는 패스트푸드나 가공식품이 아니기 때문에 한우고기로 목숨을 걸고 편식을 하면 오히려 이런 질병들을 효과적으로 예방하거나 치료할 수 있다.

사랑하는 자녀들에게 현미채식의 편식을 시키는 것은 건강에 이롭지 않을뿐더러 건강을 망치게 할 수 있는 식이요법이다. 존경하는 부모님에게 한우고기를 절대로 드시지 못하게 하고 현미채식의 편식을 하도록 권하는 것은 양질의 단백질을 부족하게 만들어 수명을 단축시켜드리겠다는 것과 다름 아니다. 세상에 존재하는 그 어떤 식품으로도 편식을 한다면 건강에 이로울 수 없다. 예를 들어 한 달 동안 건강에 좋다는 인삼만으로 식사를 한다면, 과연 한 달 후에 우리 몸은 어떻게 되겠는가?

8. 한우고기를 모독하지 말라

I LOVE HANWOO BEEF

"청정한 환경과 자연 속에서 키운 가축의 고기를 먹을 수 있으면 좋겠지만 지금 우리가 먹고 있는 고기의 대부분은 항생제 배합 사료를 먹이며 좁은 우리에서 속성으로 키운 고기라서 불신을 받고 있는 것이겠지요."

"네. 정확하신 지적이십니다. 채식주의자들이 육식이 나쁘다고 하는 것은 육식 그 자체라기보다 먹을 것을 잘못 먹고 잘못된 환경에서 사육된 가축의 고기를 먹는 것이 나쁘다고 이야기하는 것입니다."

필로가 채식을 주장하는 사람들과 육식에 대해 토론을 하다보면, 흔히 위와 같은 말들을 쉽게 접한다. 한우고기를 포함해서 '고기는 비만의 원인으로 각종 성인병을 유발하는 유해한 먹거리'라고 생각하는 사람들이 많아지면서 고기에 대한 불신이 커지고 있기 때문이다. 특히 광우병이나 구제역 발생과 같은 사태를 겪으면서 일반인들의 고기에 대한 기피와 혐오가 심해지고 있는 추세다. 여기에 채식의 장점을 알리는 서적들이 쏟아져 나오면서 육식의 약점과 단점들만 들춰내거나 침소봉대하는 경우가 많아 일반인들은 많은 혼란을 겪고 있는 것 같다.

하지만 많은 사람들이 오해하고 있는 것처럼 한우고기는 항생제를 잔뜩 포함하고 있지도 않고, 또 한우는 돼지처럼 좁은 우리 속에서 속성으로 키워지지도 않는다. 채식주의자들이나 동물보호운동가들은 우리나라 한우가 마치 좁은 우리 속에서 항생제나 성장촉진제를 맞아가며 속성으로 비육되는 것처럼 말하지만, 이는 반추동물인 한우와 한우산업에 대한 지식의 부족을 나타낼 뿐이다. 우리나라는 1989년부터 항생제 등 동물용 의약품의 잔류 허용 기준을 설정하여 철저히 관리하고 있으며, 세계적으로 유일하게 100% 완벽한 생산이력제를 실시하고 있기 때문이다. 따라서 만약 항생제 등이 걱정된다면 한우고기보다 오히려 수입쇠고기를 더 걱정해야 한다.

우리나라 한우산업은 현재 국내 소고기 시장의 60%를 차지하고 있는 수입쇠고기와 생존을 건 전쟁을 치루고 있으며, 한우고기의 품질과 안전성을 높이기 위해 최선의 노력을 다하고 있다.

수입쇠고기 시장개방에 대응하기 위해 지난 20년 동안 축산물종합처리장 사업을 통해 도축장의 현대화를 이룩하였고, 한우고기 브랜드 사업을 실시하여 대부분의 한우고기에 이름을 붙였다. 그냥 이름만 붙였다는 소리가 아니다. 각각의 브랜드에 따라 품질과 안전성의 책임소

재를 분명히 했다는 말이다. 여기에 덧붙여 세계적으로 인정받고 있는 식품안전성관리제도인 HACCP제도도 실시하고 있다. 또한 한우고기의 유통도 세계 어디에 내놓아도 손색이 없는 냉장육 유통시스템을 구축하였다. 그러니 이제 가격적인 면만 제외하면, 그 어떤 수입쇠고기가 들어와도 품질과 안전성 측면에서는 충분히 경쟁력이 있어 보인다.

필로는 지난 2010년 8월에 개최된 제56회 세계식육과학기술학술대회(ICoMST)의 사무총장으로 일을 하였다. 한국에서는 처음으로 개최된 ICoMST2010에는 세계 각국에서 필로의 친구들도 많이 참석하였다. 그런데 나름 각 나라를 대표하는 식육학자들이 한국에 와서 큰 감동을 받고 돌아갔다. 뉴스를 통해 한국이 눈부시게 발전했다는 것은 알았지만, 이 정도일 줄은 몰랐다고 하나같이 입을 모았다. 식육학자들인 그들의 눈에는 한국의 식육산업이 제일 중요한 관심사였는데, 한국의 축산물종합처리장과 식육가공장들의 수준이 세계적 수준이라고 놀라워했다.

필로의 친구들이 가장 놀라고 감동을 받은 것은 대한민국의 생산이력제 시스템이었다. 세계 최고의 기술력을 자랑하는 한국의 IT기술과 세계 최고라고 자부하는 한국의 유전자분석기술이 만나 이룩한 한우고기의 생산이력제 시스템은 축산선진국이라고 자부하는 미국이나 호주에서 온 식육학자들의 기를 죽이기에 부족함이 없었다. 우리나라에 쇠고기를 수출하는 그들의 나라에서는 도저히 할 수 없는 품질과 안전성의 관리를 우리는 하고 있기 때문이었다. 필로가 백화점 정육코너에서 집어든 한우고기에 붙어 있는 일련번호를 핸드폰에 입력하자 방금 집어든 한우고기의 모든 생산이력 정보가 핸드폰에 나타났다. 필로의 친구들은 모두 벌어진 입을 다물 줄 몰랐다. 대한민국의 한우고기 관리 수준이 바로 이 정도로 대단했기 때문이다.

그런데 우리나라에 쇠고기를 수출하는 미국이나 호주는 우리나라처럼 생산이력제를 할 수 없는 이유가 있다. 세계적으로 이 분야의 최고의 전문가인 미국 콜로라도 주립대학 축산학과의 스미스 교수(Dr. Gary Smith)는 미국이나 호주같이 대단위로 소를 사육하는 나라는 IT기술보다 사육하는 소의 수가 너무 많은 것이 개별적으로 관리해야 하는 생산이력제를 어렵게 만든다고 증언한다. 즉, 미국이나 호주는 사육하는 소가 너무 많다보니 거기에서 생산되는 모든 쇠고기 부위에 생산이력을 붙인다는 것이 불가능하다는 주장이다. 그런데 이 말을 역으로 생각해 보면 좀 씁쓸하다. 그러니까 지금 우리는 생산이력도 모르는 정체불명의 쇠고기를 수입해서 먹고 있다는 말과 다름 아니기 때문이다.

상황이 이러한데 외국의 채식주의자나 환경보호운동가들의 주장을 그대로 받아들인 우리나라의 일부 사람들은, 대한민국의 한우도 소위 '공장식 축산'으로 사육되고 있는 것처럼 이야기한다. 이건 정말 말이 되지 않는다. 우리나라는 현재 약 290만두의 한우를 약 14만 농가에서 키우고 있다. 그러니까 한 농가당 평균 20두의 한우를 키우고 있는 것이다.[1] '공장식 축산'이라는 말을 붙이기에는 창피할 정도로 작은 규모다. '공장식 축산'이라고 하려면 미국이나 호주처럼 농장당 최소한 1만두 이상씩은 사육해줘야 되지 않을까?

미국이나 호주처럼 공장식 축산을 하려면 항생제의 사용이 꼭 필요하다. 질병치료와 성장촉진을 위해서, 또 스트레스가 많은 환경에서 소를 건강하게 키우기 위해서는 항생제의 사용이 불가피하기 때문이다. 물론 미국이나 호주도 출하되어 도축되는 소의 근육에 항생제 잔류물질을 최소화하기 위한 엄격한 제도를 운영하고 있다. 하지만 문제는 역시 사육 두수가 너무 많다보니 관리에 한계가 있다는 점이다. 미국에는 하루에 소를 1만두 이상 도축가공하는 곳도 많이 있다. 아무리 엄격한 제도를 시행한다고 해도 한계가 있을 수밖에 없다는 말이다.

하지만 우리나라는 상황이 전혀 다르다. 대부분의 한우농장에서는 한 마리, 한 마리에 이름을 붙여서 사육한다. 갑돌이나 갑순이라고 이름을 붙여놓고 가족처럼 관리하면서 키운다. 농장주는 자신이 키우는

한우들의 얼굴을 다 알고 있으며, 생년월일과 부모가 누구인지, 언제 어떤 백신을 접종했는지 모든 것을 기록으로 남긴다. 적은 사육두수가 완벽한 생산이력제를 가능하게 만드는 이유다. 도축장은 어떠한가? 우리나라에서 가장 큰 도축장에서 하루에 처리하는 한우의 두수는 고작 300두이다. 모든 한우의 도축과 가공이 개별적으로 관리되면서 이루어지는데, 이런 것을 전문용어로 전수검사라고 한다. 쉽게 말해서 한우고기는 전수검사를 하고 있지만 수입쇠고기는 선별검사밖에 할 수 없다는 소리다.

그런데도 우리나라의 일부 소비자들은 마치 수입쇠고기는 안전하지만 한우고기는 왠지 믿지 못하겠다는 반응을 보이곤 한다. 호주처럼 광활하고 청정한 환경과 자연 속에서 풀을 먹이며 키운 소의 고기가 아무래도 좁은 땅에서 곡물사료로 키운 한우고기보다 안전할 것이라고 생각하는 것이다. 그러나 한우는 반추동물이기 때문에 곡물사료로만 키울 수는 없다. 풀이나 건초 또는 볏짚 등 조사료가 꼭 필요하고, 우리나라 실정에 맞는 완전혼합사료인 TMR(Total Mixed Ration)사료를 제조하여 한우에게 급여하기도 한다. 우리나라의 TMR제조 기술은 한국 실정에 맞게 개발된 우리만의 특별한 기술로 세계적으로 자랑할 정도의 수준이다.

결론적으로 한우가 항생제가 잔뜩 들어간 곡물사료를 먹으며 좁은 우리에서 키워지기 때문에 한우고기를 먹으면 건강에 나쁠 것이라는 생각은 근본적으로 말이 되지 않는다. 그런 생각이나 말은 한우고기에 대한 모독이다. 한우가 수입쇠고기에 대해 가지는 가장 강력한 경쟁력이 안전성이기 때문이다. 그러므로 소고기의 안전성을 논하려면 한우고기가 아니라 공장식 축산으로 생산되는 값싼 수입쇠고기를 대상으로 하는 것이 좋을 것이다.

 각주

I LOVE HANWOO BEEF

1) 통계청, 가축사육동향(2013. 3.) 현재 우리나라 한우사육 두수는 2,932,815두로 사육농가의 수는 141,495호이다. 이 중 20두 미만으로 사육하는 농가 수는 103,749호로 전체 한우농가의 73%이다. 한우의 사육두수 20~50두는 23,357호(17%)이고 50~100두는 9,230호(7%)이다. 한우를 100두 이상 사육하고 있는 농가의 수는 5,159호로 전체 한우농가의 4%이다.

9. 건강한 식생활의
키워드는 '균형'과 '적정'

필로가 한우고기를 예찬하다 보면 항상 부딪히는 것이 채식이나 채식주의다. 아무래도 요즘 우리 사회에서는 채식이 각광을 받고 육식은 마치 건강에 나쁜 것처럼 알려져 있기 때문에, 한우고기를 예찬하려면 무엇보다 채식주의자들의 주장을 극복해야 하기 때문이다. 채식주의자들은 육식은 무조건 건강에 나쁘다고 말하지만, 필로는 채식은 무조건 나쁘고 육식이 좋다고 주장하지 않는다. 그 이유는 육식은 항상 채식을 포함하기 때문이다. 그리고 또 필로가 무조건 한우고기를 많이 먹어야 한다고 주장하는 것도 아니다. 단지 현재 1인당 연간 4kg 정도 먹는 것은 너무 적기 때문에 지금보다 적어도 2배 이상 더 먹을 필요가 있다는 것뿐이다.

필로가 채식주의자들이 육식의 약점과 단점들을 들춰내서 침소봉대할 때마다 항상 일관되게 주장하는 키워드는 '균형(balance)'와 '적

정(moderate)'이다. 우리나라 국민들은 현재 채식과 육식의 황금비율이라고 일컬어지는 8:2의 비율을 잘 유지하고 있다. 그럼에도 불구하고 채식을 주장하는 사람들의 치열한 노력으로, 우리사회는 현재 '채식은 선이고 육식은 악'이라는 흑백논리가 판을 치고 있다. 이것은 분명히 잘못된 것으로 누구에게도 도움이 되지 않는다. 식물성 식품과 동물성 식품을 가리지 않고 골고루 먹는 것이 건강한 장수를 위한 최선의 식습관이기 때문이다.

'채식은 선이고 육식은 악'이라는 말은 비만이 사회적으로 큰 문제가 되고 있는 미국에서 만들어진 말이다. 육류섭취량이 우리나라의 약 3배인 미국의 경우, 하루에 섭취하는 칼로리의 40% 이상을 지방으로 섭취하기 때문에 10명 중 3~4명이 심장병과 같은 순환기계통의 질환으로 사망하고 있다. 사망률 대비 사망원인 1위가 바로 순환기계통의 질환이고 2위는 대장암과 같은 암이 차지하고 있다. 그러나 우리나라의 경우, 암이 사망원인 1위이며 순환기계통의 질환으로 사망하는 비율은 미국의 절반도 되지 않는다. 필로의 주장은 비만한 미국인들은 하루에 섭취하는 칼로리 중 지방으로 섭취하는 비율을 30% 미만으로 줄여야 하는 반면, 우리나라 국민들은 20% 이상으로 높이는 것이 바람직하다는 것이다.

　앞에서 설명한 바와 같이, 세계적으로 영양학자들은 하루에 섭취하는 칼로리의 45%는 탄수화물로, 30%는 단백질로, 25%는 지방으로 섭취하라고 권장하고 있다. 이 같은 기준은 우리나라 영양학계에서 설정한 한국인의 영양소별 이상적인 섭취에너지 비율(탄수화물 65%, 단백질 15%, 지방 20%)에 비춰볼 때, 탄수화물은 월등이 낮은 반면 단백질과 지방은 매우 높은 권장량이다. 즉, 현재 우리나라는 탄수화물의 섭취가 높은 반면, 단백질과 지방의 섭취 비율이 낮다는 말이다. 특히 단백질의 섭취량이 낮은 것은 차치하더라도 지방의 섭취 비율이 일반인들의 상식과 다르게 높지 않다는 것에 주목할 필요가 있다.

　우리나라 국민들의 평균 지방 섭취량은 19% 정도로 비교적 이상적으로 지방을 섭취하고 있는 것으로 보인다. 하지만 50세 이상의 중장년층의 지방섭취 비율은 14% 미만으로 알려지고 있어 매우 우려스럽다. 이 같이 중장년층의 지방 섭취가 낮은 이유는 근래에 우리나라에 불고 있는 채식의 열풍과 무관하지 않다. '웰빙식=채식'이라는 인식이 팽배해지면서 많은 중장년층이 채식위주로 식단을 전환하고 있는데, 이럴 경우 그렇지 않아도 지방의 섭취가 부족한 중장년층의 영양불균형이 더욱 심화될 것이 자명하다.

필로가 우리나라 국민들의 한우고기 섭취량을 지금보다 2배 이상 더 늘려야 한다고 주장하는 근거는 단백질에 있다. 한우고기 마블링이나 지방에 대한 오해와 편견 때문에 한우고기의 섭취를 의도적으로 피하는 것은 양질의 단백질 공급을 줄이겠다는 것과 다름 아니며, 그것은 곧 건강을 해치겠다는 것과 다를 바가 없기 때문이다. 뒤에 다시 자세하게 설명하겠지만 단백질은 우리의 몸을 구성하는 기본적인 성분으로, 만약 부족하면 다양한 감염증과 싸워 이겨낼 수 없고 혈관의 탄력성도 잃게 된다. 따라서 양질의 단백질 섭취가 부족해지면 각종 감염증 질환이나 뇌졸중과 같은 뇌혈관 질환에 걸리기 쉬워진다.

그러므로 한우고기의 지방을 우려하여 먹는 것을 꺼리는 것은 구더기가 무서워 장을 못 담구는 것과 같다. 균형을 맞춰 적정한 양을 먹으면 아무런 문제가 없을 뿐만 아니라 건강한 장수에 큰 도움이 되기 때문이다. 만약 마블링이 많은 한우고기를 매일 구워 먹는다면 비만한 미국인들처럼 지방을 걱정해야 할 것이다. 그러나 우리나라 국민들의 한우고기 섭취량은 1년에 고작 4kg에 불과하다. 2배를 먹는다고 하더라도 8kg에 지나지 않는다. 현재 우리나라 국민의 한우고기 섭취량은

돼지고기 섭취량인 약 20kg에 비해 1/4에 불과하다. 지금보다 한우고기를 2배 더 먹는다고 해도 돼지고기의 절반밖에 되지 않는다는 말이다.

문제의 핵심 키워드는 '균형'과 '적정'이다. 한우고기를 무작정 많이 먹어야 한다는 말이 아니다. 마치 한우고기가 고물로 들어간 비빔밥을 먹듯이 식물성 식품과 조화를 이뤄 적정한 양을 섭취하자는 말이다. 한우고기를 여러 음식과 함께 먹는 것은 영양을 골고루 섭취할 수 있어 건강에 이롭기 때문이다. 그러나 채식주의자들은 비빔밥을 먹을 때도 위에 고물로 얹어지는 한우고기를 걷어내고 비벼먹는다. 이러면 양질의 단백질을 섭취할 수 없고 탄수화물의 섭취비율이 높아져 영양의 불균형을 피할 수 없다. 그러나 한우고기가 고물로 얹어진 비빔밥을 먹으면 밥의 탄수화물, 한우고기의 단백질, 각종 채소의 비타민과 미네랄은 물론 참기름이나 들기름의 지방까지 5대 영양소를 모두 골고루 섭취할 수 있다.

　비빔밥은 세계가 알아주는 건강식이다. 동물성 식품과 식물성 식품이 조화를 이룬 영양성분이 골고루 들어 있기 때문이다. 우리 민족의 고유한 음식인 비빔밥이 건강식이듯 세계 각국들은 나름 그들 민족만의 독특한 건강식들이 있다. 그런 음식을 '에스닉 푸드(ethnic food)'라고 하는데, 대부분의 에스닉 푸드는 육류와 채소가 함께 섞여 요리된 것들이다. 우리나라에 알려진 대표적인 에스닉 푸드는 인도 카레, 베트남 쌀국수, 태국 똠양꿍, 멕시코 타코 등이 있다. 하나같이 건강에 좋은 웰빙 음식으로 알려져 있으며, 고기가 식물성 식재료들과 함께 조화를 이루는 음식들이다.

　그러므로 필로의 결론은 이렇다. 한우고기는 에스닉 푸드와 같이 다양한 식물성 식재료와 함께 조리되어 섭취하는 것이 건강에 좋다. 물론 어쩌다 한번 회식을 갖는 자리에서는 마블링이 좋은 한우고기 구이를 마음껏 즐겨도 좋을 것이다. 그러나 한우고기가 아무리 훌륭한 양질의 단백질을 가지고 있다고 하더라도 지나치게 많이 먹으면 좋지 않다. 비빔밥에 들어간 한우고기처럼, 미역국에 들어간 한우고기처럼, 반찬 가운데 빠지지 않고 등장하는 한우고기 장조림처럼, 매끼 조금씩 하루에 20~50g 정도를 지속적으로 섭취하는 것이 건강한 장수를 위해 바람직하다. 채식이 웰빙식이 아니고 한우고기와 함께하는 채식이 진정한 웰빙식이라는 말이다.

10. 한민족의
건강지킴이 한우고기

I LOVE HANWOO BEEF

한우는 우리 조상들에게 없어서는 안 될 귀한 가축이었고, 한우고기는 우리 민족의 건강을 지켜온 일등공신과 같은 음식이었다. 옛날부터 우리나라에서 소를 잡는다는 것은 매우 큰 경사가 났다는 것을 의미했다. 필로가 어렸을 때만 해도 우리 동네에서는 명문대학이나 사법고시 등에 합격한 사람이 나오면 한우를 한 마리씩 잡았다. 그런 날에는 온 동네 사람들이 함께 모여 잔치를 즐기면서 한우고기를 마음껏 먹을 수 있는 호사를 누렸다. 어르신들은 한우고기 수육에 막걸리를 마시며 즐거워했고, 젊은 사람들은 연탄불에 한우고기를 구워 소주와 함께 먹으며 노래를 부르고 춤을 췄다. 또 다음날에는 온 동네 사람들이 한우고기로 푹 삶아 만든 설렁탕을 한 그릇씩 나눠 먹으며 즐거움을 더했다.

우리 조상들에게 한우는 재산목록 1호로 통했다. 농사를 지으려면

한우는 없어서는 안 되는 가축이자 가족과 같은 존재였기 때문이었다. 한우가 그렇게 귀한 존재이었기 때문에 우리 민족은 한우고기를 단 한 부분도 버리지 않고 세분해서 먹었다. 등심, 갈비, 사태와 같은 살코기는 물론 양, 간, 염통에 우족이나 선지, 심지어 척추뼈 속에 든 등골까지 빼 먹었다. 한국에도 와 본 적이 있는 20세기 미국의 문화인류학자인 마거릿 미드(Margaret Mead) 여사는 우리 한민족을 소고기에 대한 미각이 가장 세분화된 민족으로 꼽았다. 그녀에 따르면 영국, 미

국, 프랑스 사람들이 소고기를 최대 35개 부분으로 분류해서 먹는 반면 우리 민족은 무려 120개로 분류해서 먹었다고 한다. 참고로 일본은 겨우 15개로 분류해서 먹었다.

그러나 역사적으로 보면 우리 민족은 한우고기를 그렇게 풍족하게 먹지 못하였다. 육식에 대한 금기를 가지고 있는 종교인 불교가 삼국시대에 들어와 통일신라를 거쳐 고려에 들어와서는 국교로 자리를 잡았기 때문이었다. 이 시기에는 모든 가축의 도살이 금지되었기 때문에 공식적으로 한우고기를 먹을 수 없었다. 한우고기를 마음대로 먹을 수 없었던 것은 유교의 국가였던 조선시대에도 마찬가지였다. 농경과 운송을 위해 한우가 필요했기 때문에 조정에서는 수시로 한우의 도살금지령을 내렸다. 하지만 조선의 조리서에 소고기 조리법이 등장하거나 풍속화에도 한우고기를 구워먹는 사람들이 등장하는 것을 보면, 조선시대에는 음으로 양으로 한우고기를 즐긴 것으로 보인다.

조선시대에 한우의 도살금지령에도 불구하고 양반들은 그 감시를 피해 한우고기를 즐겼는데, 그 대표적인 요리가 바로 '설야멱'이었다. 설야멱은 말 그대로 '눈 오는 겨울밤에 먹는 고기 요리'로 한우갈비를 마늘, 파, 기름으로 조리해 굽다가 반쯤 익힌 다음 냉수에 잠깐 담갔다가 다시 센 불에 구워 조리한 것이다. 이 설야멱은 조선 후기에 한우고기를 얇게 저며 잔 칼로 자근자근하여 갖은 양념에 재어 굽는 '너비아니'로 이어졌고, 1960년대에 들어와 오늘날 대중들이 즐겨먹는 '불고기'로 변천하였다.

역사적으로 보아 우리 민족은 불고기가 대중화되기 이전까지는 한우고기의 섭취량이 그렇게 많지 않았다. 따라서 양질의 단백질 섭취가 부족한 탓에 평균 수명도 그리 길지 않았다. 하지만 1970년부터 시작된 경제개발과 함께 불고기가 한국의 대표적인 한우고기 요리로 자리를 잡고, 불고기의 대중화로 한우고기의 섭취량이 증가하면서 우리나라 국민들의 평균수명도 그에 비례하여 늘어났다. 양질의 단백질을 가진 한우고기의 섭취가 증가하면서 국민들의 면역력이 높아졌기 때문이다. 양질의 단백질은 체내 면역기능을 높여 세균이나 바이러스의 공격을 쉽게 이겨내어 유아나 노인들의 감염증 사망률을 획기적으로 감소시킨다는 것은 학술적으로 잘 밝혀진 사실이다.

한우고기를 즐겨 먹는 것이 건강한 장수에 도움이 되는 이유는 식물성 식품과 비교하여 양질의 단백질을 많이 포함하고 있기 때문이다. 특히 한우고기는 우리 몸에서 만들어내지 못하는 아홉 가지 필수아미노산을 골고루 함유하고 있다는 점이 큰 장점이다. 식물성 단백질로만 필수아미노산을 모두 챙겨 먹기란 결코 쉽지 않다는 것은 영양학을 조금이라도 아는 사람이라면 누구나 동의하는 사실이다. 게다가 한우고기의 단백질은 체내 흡수율이 95% 이상으로 식물성 단백질에 비해 소화흡수가 월등히 잘 된다는 점도 한우고기의 큰 장점이다.

이렇게 한우고기처럼 양질의 단백질을 함유하고 있는 육류의 섭취가 장수에 직접적인 영향을 미친다는 증거는 가까운 나라 일본의 사례에서 찾아 볼 수 있다. 20세기 초만 하더라도 일본 남성의 평균수명은 36세, 여성은 37세에 불과했다. 일본의 과학자들은 당시 일본인의 식단이 채식위주였기 때문이라고 말한다. 하지만 제2차 세계대전 이후 일본은 감염성 질환이 대폭 감소하면서 평균수명도 크게 늘어났다. 육류를 포함해 동물성 식품의 섭취가 급증한 덕분이라는 것이 일본 과학자들의 말이다. 제2차 세계대전 전만 하더라도 고기를 구하기 힘들어 동물성 단백질과 식물성 단백질의 섭취 비율이 0.5:9.5이었는데, 전후 육류섭취량이 늘어나면서 일본인의 면역력이 높아져 평균수명까지 늘어났다는 설명이다.

그런데 요즘 우리나라 사람들은 영양의 과잉시대를 맞아 마블링이 많은 한우고기와 같은 식품은 콜레스테롤 함량이 높아 혈관질환 발생 위험을 높이고, 그 결과 수명도 단축시킬 것으로 인식하고 있다. 하지만 한우고기가 아무리 마블링이 좋다고 하더라도 그 한우고기를 먹고 혈중 콜레스테롤 수치가 높아지기 위해서는 매우 많은 양을 지속적으로 먹어야 한다. 더구나 혈중 콜레스테롤 수치는 낮은 것보다 약간 높

은 것이 오히려 건강한 장수에 이롭다는 최근의 연구결과들도 속속
발표되고 있다.

콜레스테롤은 혈중 수치가 높으면 혈관건강에 부담을 줄 수 있지만,
세포나 호르몬의 재료이기 때문에 우리 몸에 필수불가결한 존재다. 따
라서 콜레스테롤이 부족하면 건강에 부작용이 생기는 것이 당연하다.
이 분야 전문가들은 현행 콜레스테롤이나 혈당 기준이 연령이나 성별
에 상관없이 동일하게 설정되어 있는 것은 문제라고 지적한다. 즉, 20
대와 70대는 정상 콜레스테롤 수치가 달라야 한다는 말이다. 그리고
나이든 사람이 콜레스테롤 수치에 너무 연연하여 한우고기와 같은 고
단백식품을 멀리한다면 오히려 건강을 해칠 수 있다고 경고한다. 한
우고기와 같이 양질의 단백질을 즐겨 먹으면 영양 상태가 전반적으로
좋아져 혈관이 튼튼해지고 뇌혈관에 충분한 영양이 공급되어 뇌졸중
을 감소시킬 수 있기 때문이다.

한우고기와 같이 양질의 단백질을 가지고 있는 동물성 식품의 섭취
량이 증가하면 수명이 연장된다는 것은 일본뿐만 아니라 여러 나라에
서도 확인된 바 있다. 일찍이 장수국의 반열에 오른 유럽의 여러 나라
들도 산업혁명 이전에는 여러 가지 감염증 질병으로 유아들의 사망률
이 높았지만, 산업혁명 이후 고기의 섭취량이 늘어나면서 감염증 질
병으로 죽는 유아들의 수가 급감하였고, 평균수명도 크게 연장되었다.
요즘도 고기의 섭취량이 부족한 많은 개발도상국들이나 후진국들은
동물성 단백질의 섭취가 충분하지 않기 때문에 면역력이 약하고 감염
증의 이환율이 높아 평균수명이 짧은 실정이다.

　필로가 한우고기를 먹어야 장수한다는 것을 이야기할 때 꼭 빼놓지
않는 것 중 하나가 뇌혈관 장애의 감소이다. 필로의 아버지도 환갑을
지나자마자 중풍으로 돌아가셨는데, 소위 중풍으로 더 잘 알려진 뇌졸
중 같은 뇌혈관 질환은 오랫동안 우리나라 노인들의 사망원인 1위를
차지하였다. 그러나 한우고기의 섭취량이 늘어나면서 뇌혈관 질환은
사망원인 1위의 자리에서 물러났고, 암이 사망원인 1위가 되었다. 한
우고기에 있는 양질의 단백질이 뇌혈관 장애를 감소시키는 이유는 혈
관벽을 튼튼하게 만드는 것과 관련이 있다.

　일반적으로 뇌혈관 질환은 고혈압과 상관관계가 높은 것으로 알려
져 있다. 보통 사람들은 콜레스테롤이 혈관벽 안쪽에 침착하여 혈류
의 흐름을 방해하기 때문에 뇌졸중과 같은 뇌혈관 장애가 일어난다고
생각한다. 그러나 이 말은 미국사람들처럼 지방의 섭취가 많은 사람에

게는 맞는 말이지만 우리나라 노인들의 중풍과는 다소 거리감이 있는 말이다. 즉, 우리나라 노인들의 뇌졸중은 혈관벽에 침착한 콜레스테롤 때문에 혈압이 상승하고 뇌혈관이 터져 발생하는 경우보다 양질의 단백질 섭취부족으로 혈관벽이 탄력을 잃고 얇아지고 약해진 결과 터지는 경우가 더 많다. 따라서 우리나라 노인들이 뇌졸중과 같은 뇌혈관 질병에 걸리지 않기 위해서는 양질의 단백질이 풍부한 한우고기를 많이 먹는 것이 좋을 것이다.

이 밖에도 한우고기를 먹으면 건강한 장수를 하는 이유가 많이 있지만 뒤에 보다 자세히 설명하기로 하겠다. 그러나 여기서 한 가지 꼭 집고 넘어가고 싶은 것은 한우고기의 섭취량은 평균 수명의 증가뿐만 아니라 평균 신장이나 체격의 증가와도 밀접한 관련이 있다는 사실이다. 즉, 우리나라의 각종 통계자료들은 한우고기의 섭취량이 국민들의 건강과 밀접한 관련이 있다는 것을 잘 보여주고 있다. 한우고기가 한민족의 건강지킴이 역할을 했다는 말이다.

11. 한우는 정(情)이다

시인 정지용은 일제 강점기 시대에 일본의 도시샤(東志社) 대학에서 유학생활을 하던 22세에 〈향수〉라는 시를 썼다. 훗날 이동원과 박인수가 노래로 불러 더 유명해진 시 〈향수〉는 이렇게 시작된다.

넓은 벌 동쪽 끝으로

옛이야기 지줄대는 실개천이 회돌아 나가고

얼룩백이 황소가

해설피 금빛 게으른 울음을 우는 곳

그 곳이 차마 꿈엔들 잊힐 리야

이 애잔한 시에 나오는 황소는 정지용이 그의 고향에서 보았던 한우를 말한다. 시인이 현해탄 너머 타국에서 꿈에서조차 잊지 못했던 얼룩백이 황소, 어린 날 시인이 고향에서 보았던 그 얼룩백이 황소는 정확히 말하자면 한우의 수소다.

정지용 시인은 1902년에 충북 옥천군 하계리에서 태어나 그곳에서 어린 시절을 보냈는데, 이 당시 우리나라에는 적갈색, 황갈색, 흑색, 호랑이 무늬의 범색 한우들이 있었다. 1928년 일본인들에 의해 조사된 보고서(권업모범장 사업보고)에 따르면, 당시 우리나라의 한우 중 78%가 적갈색이었고 얼룩백이 범색의 한우는 약 3% 정도밖에 없었다. 그러니까 정지용은 어린 시절에 보았던 그 특이한 한우, 얼룩백이 황소를 잊지 않고 정확하게 기억하고 있었던 것이다. 아니, 얼룩백이 범색의 한우가 흔하지 않았기 때문에 잊어지지 않았을 것이다.

얼마 전 많은 사람들을 감동시킨 영화 〈워낭소리〉를 보면 우리 한국인이 한우를 어떻게 생각하는지 잘 알 수 있다. 팔순 노인과 마흔 살 먹은 한우의 아름다운 동행을 다룬 이 다큐멘터리 영화는 왜 한우가 한국인에게는 단순히 농사일을 돕거나 소고기를 제공하는 가축 이상의 의미를 가지고 있는지 잘 보여준다. 옛날부터 한우는 논이나 밭을 가는 힘든 농사일을 하는데 없어서는 안 되는 존재였고, 일상생활에서는 무거운 것을 운송하는 수단으로도 활용되었다. 하지만 한우는 이런 것에 그치지 않고 우리 민족의 삶에 있어 그 이상의 의미를 가지고 있다.

영화 〈워낭소리〉는 보통 수명이 15년 정도인 한우를 마흔 살이나 될 때까지 키우며 살아가는 최원균 할아버지와 이삼순 할머니의 일상의 삶을 다루고 있다. 할머니는 늙은 소를 팔아치우고 기계로 편하게 농사를 짓자고 매일 성화를 부리지만, 할아버지는 오랜 세월을 자신의 손과 발처럼 일하면서 같이 살아온 늙은 소를 팔지 않겠다고 고집을 피운다. 할아버지에게 있어 그 한우는 단순히 농사를 짓는 도구가 아니라 평생을 함께 해온 인생의 동반자이기 때문이다. 그래서 이 영화의 영어 제목이 〈Old Partner〉이다.

영화 〈워낭소리〉에 나오는 것처럼 우리 조상들에게 한우는 단순한 가축이 아니었다. 한우는 돼지나 닭과 달리 마치 가족처럼 교감하는 가축이었다. 영화에서 최원균 할아버지는 고함을 질러야 의사소통이 가능할 정도로 귀가 잘 안 들리는 노인이다. 하지만 신기하게도 할아버지는 늙은 소의 가늘게 울리는 워낭소리에는 거짓말처럼 반응을 한다. 늙은 소도 마찬가지다. 장맛비로 지붕이 무너져도 할아버지가 잠에서 깰까봐 그 폭우를 묵묵히 온몸으로 받아내며 견딘다. 또 늙어서 제대로 걷지도 못하면서도 할아버지가 고삐를 잡기만 하면 아무리 무거운 짐이 수레에 실려도 참아내며 발걸음을 옮긴다. 이렇게 팔순 할아버지와 마흔 살의 소가 평생을 소통하며 고된 삶을 견디며 살아가는 이야기에 많은 한국인이 감동했다. 이 영화에는 한국인이라면 누구나 가슴 뭉클하게 하는 뭔가가 있기 때문이다. 아마 그건 우리 민족만의 단어인 '정(情)'일 것이다. 그래서 한우는 '정'이다.

이처럼 한우는 우리 한국인의 민족적 정서의 근간을 받치고 있는 소중한 존재다. '한우'라는 낱말에는 단지 맛있는 소고기의 식재료나 돈벌이가 되는 산업동물이라는 천박한 의미만 들어 있는 것이 아니다. '한우'라는 단어에는 수천 년 동안 우리 민족에게 먹거리를 제공했던

농사일, 그 힘든 농업을 함께 일궈온 일꾼이자 식구와 다름없는 동물이라는 친밀감이 들어 있다. 한우는 우리 민족의 힘들었던 삶을 지탱해온 든든한 조력자이자 정을 나누며 인생을 같이 해온 동반자였다는 말이다.

그래서 필로가 어렸을 적만 해도 시골 집집마다 한우가 사는 외양간은 뒷간보다 가까웠다. 겨울에도 비교적 따뜻한 남쪽지방에서는 마당 한 구석에 외양산을 따로 지었지만, 중부지방 위쪽으로는 외양간을 집 안쪽으로 붙여 짓는 경우가 많았다. 이런 외양간은 부엌과 붙어 있어서 아궁이에 불을 때면 그 온기가 외양간으로 그대로 전달되었다. 그리고 부엌과 붙어 있었기 때문에 식구들이 먹다 남긴 음식물들은 손쉽게 여물통으로 들어갔다. 그러니까 한우는 집 안에서 살면서 사람들이 먹는 것을 같이 먹기도 하였으니 한 식구와 다름 아니었다. 하지

만 차마 인간이 아니기 때문에 식구라고 부르기 뭐해서 생구(生口)라
고 불렀다.

　생구였던 한우는 명절 때에는 사람들과 같이 특별한 대접을 받았다.
특히 정월 대보름에 우리 조상들은 오곡밥과 나물로 잘 차려 먹었는
데, 한우에게도 오곡밥과 나물로 한 상을 차려주었다. 정월 대보름이
지나면 농사가 시작되므로 한 해 농사를 잘 지어보자는 의미로 격려
의 음식을 대접한 것이었다. 봄이 오고 논밭을 갈 때, 농부들은 한우가
사람처럼 말귀를 다 알아서 듣는다고 믿었기 때문에 아무리 일이 급
해도 한우를 다그치거나 욕을 하지도 않았다. 그래선지 가을걷이 때가
되면 한우는 논밭의 수확물을 수레에 싣고 옮기느라고 힘들게 일했지
만, 머슴처럼 새경을 요구하지도 않았다. 그래서 주인은 고마운 마음
으로 추운 겨울이 다가오면 보온 덮개인 덕석을 짜서 한우의 등에 올

려주었다.[1]

이와 같이 한우는 우리 한국인의 정서에 깊숙이 관여하고 있다. 한국인이라면 누구나 한우에 대한 향수를 가지고 있고, 한우가 없는 시골마을은 생각할 수조차 없다. 그래서 우리나라 어느 시골에 가도 한우를 볼 수 있다는 것은 경제적 가치로 환산할 수 없는 한국인의 행복이다. 그러나 어쩌면 우리는 앞으로 한우를 볼 수 없는 대한민국을 후세에게 물려줄 수도 있다. 만약 지금처럼 채식의 열풍 속에 육식이 건강에 나쁜 것처럼 호도되어 우리 국민이 한우고기를 먹지 않는다면 한우의 사육기반이 무너질 수 있기 때문이다. 아니, 그보다 우리가 경제적인 논리에 휘말려 값싼 수입쇠고기로 한우고기를 대체한다면 한우산업은 기반을 잃고 무너질 수밖에 없다.

필로가 누차 강조하는 말이지만 한우산업은 1차 생명산업이기 때문에 한 번 그 기반이 무너지면 다시 일어서는데 최소한 10년 이상이 걸린다. 경제적 비용도 천문학적으로 요구된다. 따라서 요즘처럼 국제적 경쟁이 심한 상황에서는 한 번 사육기반이 무너지면 다시 일어서기란 거의 불가능하다. 그래서 아이러니컬하게도 우리와 정을 공유하는 한우를 지켜내기 위해서라도 우리는 한우고기를 많이 먹어야 한다. 필로가 애국심에 호소해서라도 한우고기를 먹자고 하는 또 다른 이유이다.

각주

I LOVE HANWOO BEEF

1) 장영내, 음메~내 말 좀 들어보소(2010년, 국립축산과학원)

12. 한우는 자연환경이다

I LOVE HANWOO BEEF

우리나라 채식주의자들이나 환경보호운동가들이 육식의 반대를 주장하면서 바이블처럼 인용하는 책이 있다. 바로 1993년에 발간된 제레미 리프킨(Jeremy Rifkin)의 〈Beyond Beef〉라는 책이다. 이 책은 2002년도에 국내에도 〈육식의 종말〉이라는 제목으로 소개되었으며, 2008년 광우병 사태를 겪으면서 널리 알려진 후 지금까지 스테디셀러로 많은 사람들에게 읽히고 있다.

이 책의 내용은 너무 충격적이다 보니 많은 사람들 사이에서 회자되면서 확대재생산되고 있다. 그리고 급기야 지난 해 말에는 전주 MBC에서 이 책의 내용을 근간으로 하는 다큐멘터리 〈육식의 반란-마블링의 음모〉를 제작 방송하기도 하였다[1].

이 충격적인 책 〈육식의 종말〉에 따르면, 현대 문명의 위기를 초래한 원인 가운데 하나가 바로 인간의 식생활 변화다. 특히 쇠고기를 먹기 시작하면서 파생되기 시작한 문제는 여러 분야에 걸쳐 심각한 문제를 야기하였다. 원래 소는 초식동물로써 곡물을 먹지 않았으나 인간이 곡물을 사료화하여 소에게 먹였다고 한다. 그리고 이렇게 곡물로 키운 소의 쇠고기는 불에 탄 삼림, 침식된 방목지, 황폐해진 경작지, 말라붙은 강이나 개울을 희생시키고 수백만 톤의 이산화탄소, 아산화질소, 메탄을 허공에 배출시킨 결과물이라고 한다.

제레미 리프킨은 현재 지구의 생태계 변화나 환경오염의 주요 원인 중 하나는 곡물로 소를 비육하는 '공장식 축산'이고, 쇠고기를 먹는 육식을 포기하거나 줄이면 지구의 환경과 문명을 지킬 수 있다고 말한다.

지구 인구의 20%에 가까운 10억 명이 굶주림에 고통을 받고 있는데, 세계적으로 토지의 24%에서 13억여 마리의 소가 사육되면서 세계 곡물생산량의 3분의 1을 먹어치우고 있기 때문이다. 특히 이렇게 많은 소를 사육하기 위한 초지를 조성하기 위해 열대우림이 불태워지고, 인류 전체보다 더 무게가 나가는 소떼들이 엄청난 양의 환경오염 물질들을 배출하고 있는 것은 정말 심각한 문제가 아닐 수 없다.

〈육식의 종말〉은 문제의 핵심이 인간의 욕심스런 육식 문화에 있다고 설명한다. 세계적인 육식의 증가는 영국의 산업화가 진행되면서 지위상승을 나타내는 상징으로 쇠고기를 먹으면서 시작되었다. 쇠고기를 먹는 것이 자신의 부나 지위상승을 나타내는 식문화가 산업화와 함께 유럽의 각 국가들로 번져 나갔고, 더 많은 쇠고기가 필요하게 되었다. 따라서 더 많은 쇠고기를 유럽으로 공급하기 위해 미국의 많은 서남부지역들이 소를 사육하는 농장으로 개척되었는데, 이 과정에서 아메리카 대륙 토종의 버팔로들이 멸종되다시피 살육되었다.

제레미 리프킨이 제시하는 문제의 해결 방법은 아주 간단하다. 인류가 육식을 포기하고 채식위주의 식문화로 전환하면 된다. 인간이 욕심스런 육식, 특히 쇠고기를 먹는 식문화를 버리고 채식을 한다면 환경적으로 훨씬 깨끗한 지구를 만들 수 있을 뿐만 아니라 가난과 기아로 고통받고 있는 많은 사람들을 구할 수도 있다. 또한 과도한 동물성 지방의 섭취로 인해 매년 수백만 명의 사람들이 심장병, 암, 당뇨 등 소위 '풍요의 질병'으로 죽어가는 것도 막을 수 있다. 그러니 지구상에서 '공장식 축산'을 하는 축산단지들을 해체시키고, 인류의 음식에서 육류를 제외시키는 것이야말로 앞으로 우리가 해 나가야 할 중요한 과업이라고 한다.

그렇다. 필로가 제레미 리프킨의 주장에 모두 동의하는 것은 아니지만, 미국을 포함해 우리나라에 쇠고기를 수출하는 국가들은 '공장식 축산'을 하는 축산단지를 해체시켜야 한다. 특히 세계 곡물생산량의 3분의 1을 먹어치우는 소의 사육두수를 각 나라의 인구에 맞게 줄여나가야 한다. 그리고 지나치게 많이 섭취하는 동물성 지방의 양도 줄여나가야 한다. 그것이 지구의 환경을 지키고 인류의 건강을 지키는 과업이 되어야 한다. 쉽게 말해 대한민국에서 한우를 키우는 것처럼 하면 된다는 말이다.

현재 대한민국은 약 14만 농가에서 약 290만두의 한우를 사육하고 있다. 한 농가당 평균 약 20두의 한우를 키우고 있는 셈이다. 전체 한

우농가 중 100두 이상 사육하는 농가의 비율은 고작 4%에 불과하다.
필로의 대학원생 중에 경남 하동에서 가장 한우를 많이 키우는 농장
의 아들이 있는데, 그 농장에서 사육하는 한우의 두수는 300두다. 우
리나라 농촌에서 이 정도의 규모면 꽤 큰 한우농장에 속한다.

아직도 시골마을에는 노인들이 소일거리 삼아 외양간에서 한두 마
리의 한우를 키우고 있는 집도 제법 많이 있다. 현재 우리나라 국민은
1인당 1년에 한우고기를 약 4kg 정도밖에 먹지 못하고 있는데, 더 많
이 먹기 위해 한우의 사육두수를 획기적으로 늘리고자 해도 그럴 수
없다. 소위 '공장식 축산'으로 한우를 대규모로 사육할 수 없기 때문이
다. 한우고기가 수입쇠고기에 비해 비싼 이유 중 하나다.

그럼에도 불구하고, 제레미 리프킨의 〈육식의 종말〉을 읽거나 그 책
의 내용을 전해들은 많은 사람들은 우리나라의 한우도 '공장식 축산'

으로 사육되고 있으며, 그에 따른 많은 환경문제를 유발하고 있는 것으로 오해한다. 필로는 우리나라에서 한우고기를 먹는 육식을 음해하고자 갖은 노력을 다하고 있는 채식주의자들이나 환경보호운동가들이 〈육식의 종말〉과 같은 책에 나오는 외국의 경우를 과장되게 확대해석하여 홍보하면 안 된다고 생각한다. 세계적으로 사육되고 있는 13억 마리의 소 중 한우는 고작 2.3%인 290만두에 불과하기 때문이다. 게다가 사실 한우는 우리나라의 자연환경을 오염시키는 존재가 아니다. 아니, 오히려 우리나라 자연환경을 보존하고 보호하는 역할을 담당하고 있다.

대한민국의 농촌 마을은 한우가 있어야 비로소 농촌의 모습이 완성된다. 한우의 울음소리가 들리지 않는 시골 마을은 왠지 한국적 농촌의 자연스러움이 없게 느껴지기 때문이다. 한우는 존재 자체가 자연환경이 된다는 말이다. 따라서 한우는 워낙 사육두수가 적기 때문에 지구온난화에 기여할 정도로 이산화탄소나 메탄을 발생하지 않는다는 말 따위는 필요하지 않다. 13억 마리의 소가 매일 만들어내는 분뇨는 지구의 자연환경을 파괴하는 원인이 될 수 있을지 몰라도, 우리나라 한우의 똥은 그 자체가 자연환경이 되기 때문이다.

시인 김용택의 〈소똥이 보고 싶다〉라는 글에 이런 대목이 나온다. "소똥은 여러 가지 용도로 쓰였다. 거름 중에서도 가장 좋은 거름이어서 사람들은 거름을 만들기 위해 겨울 동안 외양간에 늘 짚을 넣어 주었다. 새 짚을 넣어주면 소가 똥을 싸고 뭉개서 짚에 소똥이 묻으면 꺼내서 마당 구석에 수북하게 쌓아 썩혔다. 그 외양간 거름을 이리 옮기고 저리 옮기며 뒤집어 햇빛과 바람을 쏘이면 거름이 잘 썩었다. 그 거름이 잘 썩어 몽글몽글하게 되면 비 안 맞는 헛간에 쌓아 두었다가 고추거름이나 보릿거름으로 썼다. 이 거름을 사람들은 몽근 망웃이라 했다. 완숙 퇴비였던 것이다."

물론 요즘은 김용택 시인의 글에 나오는 것처럼 집집마다 외양간의 소똥으로 퇴비를 만드는 것을 보는 것이 쉽지 않다. 우리 한우산업도 나름 규모화가 되고 전업화되어 농장단위로 분료처리가 이루어지고 있기 때문이다.

필로는 경상대학교 최고농업경영자과정의 한우반 담임교수인데, 우리 한우반에는 한우를 30~200두 사육하고 있는 20명의 나이든 학생들이 있다. 그런데 필로의 학생들 중 절반 이상이 마늘이나 양파 등 논밭 농사를 겸하는 복합영농을 하고 있다. 따라서 대부분이 자신의 농

장에서 분료처리된 퇴비를 자기 논밭의 거름으로 사용한다. 규모가 조금 커져서 그렇지 예전과 달라진 바가 없다는 말이다.

반추동물인 한우의 똥은 단위동물인 돼지나 닭의 똥처럼 더럽게 느껴지지도 않고 냄새도 지독하지 않다. 그래서 김용택 시인은 어린 날 맨발로 소똥을 밟아도 그리 불쾌하단 생각이 들지 않았다고 추억한다. 그런 소똥은 햇볕에 잘 마르면 제법 단단해져 쥐불놀이할 때 최고의 재료로 사용되었다. 비록 요즘은 한우로 농사를 짓지 않기 때문에 논두렁이나 시골길에 떨어져 있는 한우의 똥을 보기 힘들지만, 그래도 시골 마을에 들어서면 어디서부턴가 은근하게 풍겨오는 한우똥 냄새를 맡을 수 있다. 바로 고향 마을의 냄새다. 우리는 그런 냄새를 자연환경을 오염시키는 냄새라고 하지 않는다. 오히려 자연의 냄새라고 한다.

 각주

I LOVE HANWOO BEEF

1) 육식의 반란 - 마블링의 음모, 전주 MBC 다큐멘터리(2012년 12월 12일 방송)

13. 한민족과 함께 살아온 한우

I LOVE HANWOO BEEF

대한민국 국민이라면 누구나 한번쯤은 한우고기를 먹어 본 경험이 있을 것이고, 한우고기를 먹어 본 사람이라면 한우고기가 맛있다는 것을 잘 알 것이다. 유독 한국인에게 한우고기가 맛있게 느껴지는 이유는 한우가 우리 민족과 오랜 기간 동안 입맛에 맞게 사육되어 왔기 때문이다. 원래 입맛이란 그 지역의 풍토와 환경에 맞게 적응되는 것이고, 이에 따라 식재료도 그런 입맛에 맞게 개량되는 것이다. 그래서 장고의 시간 동안 한민족과 함께 해온 한우의 고기가 우리의 입맛에 딱맞는 것은 당연하다.

한편, 대한민국 사람이라면 누구나 한번쯤은 한우의 맑고 영롱한 눈빛을 본 기억이 있을 것이다. 혹시 직접 보지 못했다면 사진으로라도 한우의 눈빛을 본 적이 있을 것이다. 그 한우의 눈을 들여다보고 있으면 왠지 애잔한 느낌이 드는데, 그 이유는 한우의 눈빛이 우리 민족의 정서와 많이 닮았기 때문이다. 원래 동물은 오랜 기간 동안 주인과 같이 생활하다 보면 그 주인의 성품을 닮아가게끔 되어 있다. 그래서 장고의 시간 동안 한민족과 함께 해온 한우의 눈빛에서 우리의 정서가 읽혀지는 것이 당연하다.

한우는 한국의 소다. 한반도의 재래 소로 우리 땅에서 오래 전부터 있어 왔던 소가 한우다. 보통 재래의 가축들은 토종이라는 말을 붙여 '토종닭', '토종흑돼지', '토종오리'같이 부르는데, 유독 한우만 '토종소'라고 하지 않고 에둘러 '한우'라고 부른다. 그건 아마도 한우는 우리 민족과 함께 삶의 희로애락을 같이 해온 가족과 같은 정서를 품고 있는 가축이기 때문일 것이다. 한우는 수천 년간 우리 민족을 먹여 살린 이 땅의 농업을 함께 일궈온 파트너 '일꾼'이었다. 그렇게 오랫동안 우리 민족의 삶을 지탱시켜준 그 노고에 대한 감사의 마음으로 우리는 특별히 '한우'라고 부르는 것이다.

우리 민족이 언제부터 한우를 길렀는지는 정확히 알 수 없다. 부족 국가 시대에 이미 소를 길렀다는 문헌 자료가 있는 것으로 보아, 아마도 신석기시대에 농경이 시작되면서 소를 키웠을 것으로 추정된다. 경남 김해의 유적지에서 2000년 전의 것으로 보이는 소뼈가 발견된 것으로 보아, 또 '삼국지' 동이전에 부여의 관직명으로 우가, 마가, 저가, 견사자 등이 있는 것으로 보아, 그 당시에 벌써 한우의 사육이 일반화되어 있었음을 짐작할 수 있다.

삼국시대에는 보다 구체적인 한우의 기록을 찾아 볼 수 있다. 고구려 벽화에는 귀부인용 수레를 끄는 한우의 그림이 있고, 신라 법흥왕

〈한우의 한 종류인 칡소〉

때에 얼룩소를 잡아 하늘에 제사를 지냈다는 기록이 있다. 신라 지증왕은 소를 이용하여 밭이나 논을 깊게 갈아 농사를 짓는 우경법을 펼쳤는데, 당시에는 이 농법이 매우 혁신적인 것이었다. 아마도 이때부터 한반도에서 한우가 본격적인 일소로서의 역할을 감당한 것으로 추정된다.

보통 우리는 한우라고 하면 누런 황토색의 소를 연상하지만 한반도에는 검정색이나 얼룩무늬를 가진 한우들도 많았다. 심지어 눈썹까지 하얀 백색의 한우도 있었다. 그렇게 다양한 육색을 가졌던 우리의 한우는 성품이 매우 충직하고 온순했다. 충남 온양 인근에 있는 '흑기총'은 주인(조선 초 정승 맹사성)이 죽자 식음을 전폐하고 따라 죽었다는 흑소의 무덤 이름이다. 조선시대에 8만 마리나 있었다는 칡소는 등에서 배 쪽으로 흘러내린 무늬가 호랑이를 연상시킨다고 하여 호반우

또는 범소라고 불렸다. 칡소는 평소에는 순하지만 화가 나면 저돌적으로 달려들어 범을 잡았다는 말도 있는데, 그래선지 집안의 악귀를 잡아 복을 부르는 행운의 소로 여겨져 왔다.

하지만 이렇게 다양한 털색을 가졌던 한우는 일제강점기를 거치면서 누런 황토색의 한우만 남게 된다. 일본인들이 누런 황토색만 조선소의 색깔로 지정하고 다른 털색의 소는 잡종으로 구분해서 도태를 유도했기 때문이다. 일제의 이런 정책으로 흑소나 칡소 등이 제값을 못 받게 되자 농부들은 이런 소들의 사육을 기피하였다. 불행히도 이런 인식은 광복 후에도 지속되어 각종 가축품평회나 경진대회에서 다른 색이 섞인 한우는 '자격미달'이라는 꼬리표를 달고 낮게 평가되었다. 그 결과, 그나마 남아 있던 다른 털색의 한우가 대부분 도태되었다.

그러나 몇몇 칡소는 싸움소로 이용되기도 하고, 또 흑소는 제주도에 일부 남아 '제주흑우'라는 이름으로 명맥을 이어갔다. 최근 국립축산과학원 등에서 전통 한우의 유전자원을 확보하기 위한 여러 가지 사업을 추진하여 전통 한우가 일정 부분 복원되고 있어 다행이다. 최근 아산시에서는 칡소를 지역의 명품으로 육성하려고 노력하고 있고, 울릉도에서도 칡소고기를 특산물로 선보이고 있다. 제주흑우 역시 '제주흑우 명품화지원사업'에 힘입어 마리수를 늘려가고 있는 중이다.

한우는 우리 민족과 역사를 같이 해온 만큼 우리 민족의 풍속문화에도 많은 영향을 미쳤다. 한우를 이용한 민속놀이 중 대표적인 것이 소싸움이다. 농부들은 한 해 농사를 끝내고 누구의 소가 힘이 센지 겨루는 놀이를 즐겼다. 이런 소싸움은 경상도 지방에서는 지금도 흔히 볼 수 있는데, 필로가 살고 있는 경남 진주에서 처음 시작되었다고 알려지고 있다. 진주에서 소싸움이 벌어지면 마산, 순천, 청도 등에서 사람들이 소를 몰고 참가하였다. 그리고 소싸움이 벌어지는 인근에는 난장(亂場)이 같이 섰고, 서커스단이나 온갖 장사꾼도 판을 벌여 한바탕 축제의 장이 되었다.

예전에는 소싸움만큼 농부들에게 즐거움을 주던 놀이도 없었다. 그것은 마을끼리 자존심이 걸린 싸움이었고, 또 싸움판이 커질수록 노름판(?)도 커져 흥미도 커졌다. 그래서 싸움소는 농사를 짓는 일반 한우와 달리 따로 길러졌다. 송아지 중 몸집이 크고 용맹스러워 보이는 것을 선발하여 몇 년씩 훈련을 시켜 싸움소로 키웠다. 보통 한우는 500kg 정도지만 싸움소는 1톤을 넘나들 정도로 잘 키웠는데, 싸움에

출전하기 전에는 낙지나 막걸리 등 기운을 돋울 수 있는 음식을 먹이기도 하였다.

소싸움은 역동적이지만 눈살을 찌푸리게 할 정도로 잔인한 경기가 아니다. 마치 우리나라 민속씨름처럼 매우 신사적이고 공정한 경기다. 소싸움은 소가 무릎을 꿇거나 넘어지거나 뒤로 밀리면 패하는 경기다. 뿔로 격렬하게 부딪치기도 하지만 피가 튀길 정도로 격한 싸움이 아니기 때문에 소가 크게 다치는 경우는 그리 많지 않다. 그리고 한우의 품성상 싸움에서 지고 엉덩이를 보이며 도망가는 상대를 뒤쫓는 일도 없다. 승자는 조용히 몸을 물리고 주인과 함께 승리의 기쁨을 나눈다. 한우는 정말 우리 민족의 품성을 쏙 빼닮았다.

한우는 1960년 전에는 '농우(農牛)'라는 이름으로 더 많이 불렸다. 농사를 짓는 소였기 때문이었다. 그런데 1960년대에 들면서 농민들은 한우의 다른 가치에 눈을 뜨기 시작했다. 한우를 농사일에 이용하는 것보다 잘 비육하여 고기소로 팔면 더 큰 수익을 얻을 수 있다는 것을 알게 된 것이었다. 이 당시 유명하던 말 중 '우골탑'이라는 말이 있는데, 이 단어는 대학의 상아탑을 빗댄 유행어였다. 당시 대학들의 등록금이 너무 비싸 농촌에서는 집에 있는 한우를 팔아 등록금을 냈다는 의미로 대학을 우골탑이라고 불렀다. 그만큼 한우는 가치 있는 가축이 되었다.

한우의 가치가 높아지면서 농촌에서는 한우를 기르는 일이 상업화되기 시작하였다. 농사일에 부리기 위해 집집마다 한두 마리씩 키우던 농가들 중 고기소로 팔기 위해 열 마리 이상 키우는 농가들이 생겨난 것이다. 그런 농민들은 우시장에서 송아지를 사서 키운 다음 소장사에게 고기소로 팔아 목돈을 벌 수 있었다. 바야흐로 일소였던 한우가 고기소로 전환되는 시기였다. 더욱이 1970년대에 들어와 농사일에 농기계가 도입되기 시작하면서 한우는 본격적인 고기소로 사육되기 시작하였다.

물론 아직도 시골에 가보면 한우를 외양간에서 한두 마리씩 키우는 농가들을 볼 수 있다. 그러나 이제 대부분의 한우는 산업화된 한우농장에서 적게는 20~30마리에서 많게는 200~300두 규모로 사육된다. 한우농장 규모가 100두 이상이면 한우사육을 업으로 삼는 전업농이라고 할 수 있는데, 우리나라 대부분의 한우농가들은 한우농장과 다른 농사일을 병행하는 복합영농을 하고 있다. 토지의 70%가 산으로 이루어진 우리나라는 초지가 절대적으로 부족하기 때문에 한우를 대규모

로 사육할 수 없기 때문이다.

한우를 대규모로 사육할 수 없는 것은 자연환경 보호라는 측면에서는 좋은 일이지만 값싼 수입쇠고기와의 경쟁에서는 결정적인 약점이 된다. 초지가 풍부한 호주나 아르헨티나, 그리고 옥수수가 풍부한 미국에는 대규모의 소를 공장식 축산으로 사육한다. 쇠고기의 생산비가 쌀 수밖에 없는 시스템이다. 한우는 그 어떤 방법을 써도 이 가격의 차이를 극복할 수 없다.

그러나 한우는 수입쇠고기에 비해 맛있고 안전하다. 한반도의 풍토와 환경에 오랜 기간 적응된 한우는 한민족의 입맛에 맞을 수밖에 없기 때문이다. 또한 한우농가들은 비록 산업화가 되었지만 농장당 사육두수가 그리 많지 않은 만큼 한 마리, 한 마리씩 정성으로 사육하기 때문에 공장식 축산으로 생산되는 수입쇠고기에 비해 백배 안전하다. 21세기 대한민국 농촌에서 한우는 아직도 농민들과 정을 나누고 있는 가족과 같은 가축이다.

14. 한우 이렇게 기른다.

I LOVE HANWOO BEEF

초등학교 2학년 때까지 시골에서 자란 필로는 한우가 논밭에서 쟁기질을 하는 모습이나 논두렁에서 한가하게 풀을 뜯는 모습을 자연스럽게 보면서 컸다. 필로네 집은 농사를 짓지 않았기 때문에 한우를 키우지는 않았지만, 동네 친구들이 소에게 꼴을 뜯기러 갈 때 함께 따라다녔던 기억이 있다. 친구들은 부드러운 풀이 잘 자란 곳에 말뚝을 박아 놓고 한우가 마음껏 꼴을 먹도록 해주었다. 그리고 소가 풀을 뜯어 먹고 있는 동안 우리는 들판과 뒷동산을 뛰어다니며 정말 재미나게 놀았다.

1970년 초, 필로네 집이 서울로 이사를 올 무렵 농촌에는 딸딸거리는 경운기가 등장했다. 경운기는 엄청난 괴력을 자랑하며 한우가 담당하던 일거리를 순식간에 앗아가 버렸다. 그러나 한우가 논밭을 가는 일이나 무거운 짐을 운반하는 일을 경운기에게 빼앗겼다고 천덕꾸러기로 전락한 것은 아니었다. 농민들은 한우를 오동통하게 비육시켜 소장수에게 팔면 웬만한 쌀농사나 밭농사보다 수입이 짭짤하다는 것을 알기 시작했기 때문이다. 그리고 한우는 힘든 농촌 살림에 그나마 목돈을 만지게 해주는 재산목록 1호의 귀한 존재가 되었다.

그렇게 논밭을 갈고 짐을 실어 나르던 한우의 등에는 팍팍한 농촌의 살림에 숨통을 트여주는 부가가치가 얹어졌다. 이제 한우는 논밭을 가는 일보다 더 빨리 살을 찌워서 체중을 늘리는 것이 주인을 기쁘게 하는 일이 되었다. 농민들은 한우를 한두 마리 기르는 것보다 여러 마리를 한꺼번에 기르면 더 수지가 좋다는 것을 금방 알게 되었다. 규모의 경제는 한우를 키우는 일이라고 예외가 될 수 없었다. 많이 기를수록 한 마리당 들어가는 비용이 줄어들기 때문이다.

농민들은 여건이 되는 대로 많이 기르는 것이 수지가 좋다는 것은 알았지만 그렇다고 무작정 한우의 사육두수를 늘릴 수는 없었다. 한우를 먹일 풀이 나는 땅이 한정적이고 다른 농사일로 일손도 부족했기 때문이었다. 그래서 농민들은 일손을 줄이기 위해 꾀를 냈다. 새끼를 낳는 암소만 키우는 사람과 그 송아지를 사서 살만 찌우는 사람으로 일거리를 나눈 것이다. 소위 분업화와 전업화가 이루어진 것이다.

한우 송아지를 내는 일은 비육만 시키는 일보다 훨씬 일손도 많이 들고 정성도 곱절로 든다. 늘 관심을 가지고 암소가 발정이 왔는지 지켜보다가 제때에 맞춰 수정을 시켜야 하고, 또 대부분의 출산이 한밤중에 이루어지기 때문에 출산을 앞두고는 밤에도 깨어 있어야 한다. 그리고 송아지는 면역력이 약하기 때문에 갖가지 질병에 걸리지 않도록 긴장을 늦춰서도 안 된다. 그래서 한우 번식농가의 농민들은 몇 년 만 지나면 저절로 수의사에 비견되는 지식과 실력을 겸비하게 된다.

송아지를 사서 비육하는 비육농가는 번식농가에 비해 일손은 덜 들지만 마음고생이 심하다. 한우가 커가는 단계에 맞는 최적의 사료를 먹이기 위해 골몰하며, 출하를 앞두고는 좀 더 좋은 등급과 가격을 받기 위해 신경을 곤두세운다. 소도 잘 키워야 하고 날마다 변하는 소값에도 신경을 써야 하니 이중고가 따로 없다. 게다가 사료값이 계속 오르니 자신만의 노하우를 가진 사료를 개발하기도 한다. 예전처럼 여물을 쑤어서 먹여보기도 하고 자기 논밭에서 수확한 농산물의 부산물을 사료에 섞여 먹여보기도 한다.

최근에는 번식과 비육을 함께하는 '일괄사육' 농가가 다시 늘어나고 있다. 우리나라 여건상 규모화라는 것이 한계가 있다 보니, 자신이 직접 송아지를 내어 기르면 더 경제적이기 때문이다. 여기에 한우농장을 하면서 논농사나 밭농사를 겸하면 일거양득의 효과를 볼 수 있기 때문에 '복합영농'을 하는 농가도 늘어나고 있다. 그래서 우리나라 한우산업은 현재 규모화를 이뤄가는 전업농과 복합영농을 하는 부업농으로 점점 양분되고 있다.

한우농가가 복합영농을 하자면 전문적인 지식도 필요할 뿐만 아니라 한우처럼 우직하고 부지런하지 않으면 안 된다. 그래서 복합영농을 하는 한우농가의 삶은 더욱 고단하고 힘들다. 그러나 다행스럽게도 현재 농촌에서는 복합영농을 해서라도 이 땅의 한우를 지켜내겠다는 의지의 농민들이 아직까지 많이 남아 있다. 필로가 담임교수로 있는 경

상대학교 최고농업경영자과정 한우반에도 그런 농민들이 많이 있다. 그들은 어떻게 하면 한우를 잘 기를 수 있는지 전문지식을 배우기 위해 힘든 농사일로 굳은살이 박인 두터운 손으로 책장을 넘기고 강의를 듣는다.

필로는 우리나라 한우가 어떻게 길러지는 줄도 모르는 사람들이 외국의 서적이나 뉴스를 보고 한우사육을 폄훼하는 것을 자주 목격한다. 그런 사람들이 가장 많이 하는 오해가 한우도 항생제가 잔뜩 들어간 옥수수 사료로 키운다는 것이다. 이건 정말 한우사육에 대한 무지가 그대로 드러나는 말도 안 되는 소리다. 반추동물인 한우는 섬유소가 풍부한 풀을 먹이지 않고 옥수수 알갱이 같은 곡물사료만 먹이면 죽는다. 그리고 항생제는 면역력이 약한 송아지 때나 소가 질병에 걸렸을 때 필요에 따라 잠깐 투여하는 것이지 일생동안 먹일 필요가 없다.

한우는 초식동물이기 때문에 섬유소가 풍부한 풀을 기본적으로 많이 먹어야 한다는 사실은 예나 지금이나 변함이 없다. 특히 새끼를 잘 낳아야 하는 암소에게는 더욱 이런 목초사료를 많이 먹어야 한다. 만약 곡물사료를 많이 먹여 살이 찌면 임신이 잘 안 될 뿐만 아니라 난산이 되기 쉽기 때문이다. 비육우도 마찬가지다. 한창 성장기에는 주로 목초사료 위주로 배부르게 먹여야 한다. 뼈를 튼튼히 하고 뱃구레를 키워 놓아야 나중에 살도 잘 찌기 때문이다. 한우는 이렇게 목초사료를 기본적으로 먹인 후 옥수수 등 여러 가지 곡물을 배합해서 만든 곡물사료를 먹인다.

한우농가들은 한우를 잘 키우기 위해서는 섬유소가 풍부한 풀을 필수적으로 먹여야 한다는 것을 잘 알고 있다. 하지만 우리나라 자연 여건상 한우를 위한 초지가 부족하기 때문에 예전에는 여러 가지 풀이나 볏짚 등으로 여물죽을 쑤어 한우에게 먹였다. 하지만 요즘에는 소를 한두 마리를 키우지 않는 이상 여물을 쑤어 그 많은 소에게 먹이는 일은 불가능하다. 그래서 농민들은 벼농사를 짓고 남은 볏짚을 효과적으로 이용하는 방법을 고안하였다.

물론 예전에도 볏짚으로 여물을 쑤어 주었지만, 사실 바짝 말라서 누렇게 변한 볏짚은 영양가치가 거의 없는 사료였다. 농학자들은 추수가 끝난 논에 탈곡한 볏짚을 가지런히 정리해 원형으로 둘둘 말고 그 위에 비닐을 몇 겹씩 감아놓으면, 볏짚이 발효되면서 영양가 좋은 한우사료가 된다는 것을 알아냈다. 그렇게 해서 소위 '곤포사일리지'가 등장했다. 요즘 고속도로를 따라 차를 몰고 가다보면 추수가 끝난 논위로 하얀 공룡알들이 여기저기 널려 있는 것을 볼 수 있다. 바로 그것들이 흰 비닐로 볏짚을 감싸놓은 곤포사일리지다. 곤포사일리지는 아직 마르지 않은 볏짚의 양분을 그대로 보존한 채 발효가 이뤄져 시큼한 맛이 나는 데, 한우도 이런 맛을 즐기는지 아주 잘 먹는다.

볏짚이나 풀을 말리지 않고도 한 해 이상 보관할 수 있는 곤포사일리지 기술이 보급되면서 한우의 먹거리에도 급진전이 일어났다. 이모작이 가능한 남쪽지방에서는 보리를 갈아 곤포사일리지를 만들었는데, 한우가 청보리를 좋아하고 또 청보리가 한우의 육질을 좋게 한다고 알려지면서 청보리 재배가 인기를 끌었다. 그리고 우리나라는 사료용으로 쓸 수 있는 옥수수나 콩의 생산량이 턱없이 모자라기 때문에 별별 아이디어가 다 나오고 있다. 예를 들어 논에 사료용으로 적합한 벼 품종을 육성하여 채 여물지 않은 푸른 시기에 잘라 한우의 사료용으로 쓰고 이모작을 하는 농법이 연구되었다. 아마도 곧 낟알 달린 푸른 벼를 먹고 자란 한우가 나올 판국이다.

이렇게 한우에게 먹일 섬유소가 풍부한 목초사료를 확보하기 위한 한우농가들의 아이디어는 날이 갈수록 발전하고 있다. 그러나 옥수수로 대변되는 곡물사료만큼은 아직까지 수입에 의존할 수밖에 없는 것이 현실이다. 그런데 최근에는 목초사료와 곡물사료를 영양소 균형이 맞게 섞은 다음 잘게 부숴 만든 TMR사료가 개발되어 보급되고 있다. 일종의 한우가 좋아하는 비빔밥을 만들어 먹이는 것이다.

한우농가는 지역에 따라, 또 복합영농을 하는 농가는 농작물에 따라 각각 확보할 수 있는 목초사료나 곡물사료가 다를 수 있다. 따라서 자

신만의 독특한 배합비를 가진 자가배합 TMR사료를 만들 수 있기 때문에 농가들의 인기를 끌고 있다. 특히 각종 농산물의 부산물을 이용한 TMR사료로 한우고기에 독특한 기능성을 부가하기 위한 노력이 끊임없이 이루어지고 있다. 소위 '명품 기능성 한우고기'를 만들겠다는 것이다.

이 밖에도 한우농가들은 한우고기의 맛을 좋게 만들기 위해 갖은 노력을 다 하고 있다. 한우고기 특유의 우수성에만 기대지 않고 한우농가들은 더 맛있는 고급육을 만들기 위해 온갖 방법과 정성을 쏟고 있는 것이다. 값싼 수입육과 경쟁에서 이겨 살아남기 위해서는 한우고기의 맛을 좋게 하는 방법밖에 없기 때문이다. 그래서 지난 20년 동안 질기지 않고 부드럽고 연하고 근내지방이 풍부한, 세상에서 가장 맛있는 한우고기를 생산하기 위한 다양한 노력들이 펼쳐졌다.

먼저 유전적으로 우수한 한우를 선발하여 육종하였고, 또 성장단계
에 맞는 적합한 사료가 개발되어 보급되었다. 특히 수소의 경우 거세
를 통해 암소고기와 같이 부드럽고 연한 육질을 갖도록 하였다. 비육
한우의 경우에는 체성장이 끝나면 특별관리에 들어간다. 이 시기부터
본격적인 한우의 맛이 결정되기 때문이다. 그래서 비육말기에는 전용
사료를 먹이기도 하고, 매달 등심근을 초음파로 찍어 마블링이 어느
정도 형성되는지 체크하기도 한다. 또 생균제나 효소제 등을 먹여 최
대한 육질을 좋게 만든다. 이렇게 한우농가의 피와 땀이 어린 노력과
정성으로 수입쇠고기는 감히 넘볼 수 없는 세계에서 가장 맛있는 한
우고기의 맛이 완성된다.

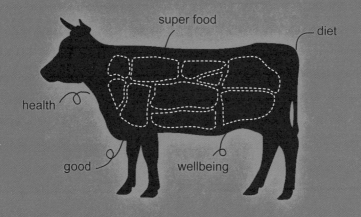

건강한 장수를
책임지는 한우고기

15. 건강하고 싶으세요?
그럼 한우고기를 드세요.
I LOVE HANWOO BEEF

채식주의 식사, 특히 저지방 식사, 그중에서도 비건(vegan · 엄격한 채식주의자) 식사는 사람의 몸을 유지하고 보충하는데 장기적으로 적합하지 않다. 단도직입적으로 말하자면, 그런 식사를 계속하면 몸이 상한다. 경험에서 나온 말이다. 비건 식사를 한 지 2년째로 들어서면서 나는 건강을 잃었다. 심각할 정도로. 그 2년 사이에 얻은 퇴행성 관절 질환은 아마도 평생 안고 살아야 할 것이다.

비건 식사를 한 지 6주일쯤 됐을 때 나는 처음으로 저혈당증을 경험했다. 그것이 저혈당증이라는 것을 알기까지 18년이 지나는 사이 그 증상은 내 생활의 일부가 됐다. 비건 식사 3개월 만에 생리가 멈췄다. 그때 이미 내 식생활에 문제가 있다는 것을 알아차렸어야 했다.

만성피로와 절대 낫지 않는 감기가 시작된 것도 그 무렵이었다. 피부는 건조하다 못해 껍질이 벗겨졌고, 겨울에는 너무 가려워 밤에 잠을 설칠 정도였다. 스물네 살이 되던 해에 위 마비 증상이 시작됐다. 서른여덟 살 때까지 끊임없는 구토증에 시달려야 했고, 지금도 오후 5시 이후로는 아무것도 먹지 못한다.

거기에 우울증과 초조감까지 밀려들었다. 이제는 내가 왜 그랬는지 안다. 뇌의 신경전달물질인 세로토닌은 아미노산의 일종인 트립토판에서 만들어지는데 식물에서는 이 트립토판을 얻기 힘들다. 그리고 트립토판이 아무리 많더라도 포화지방산 없이는 아무런 효과가 없다. 신경전달물질이 실제로 뭔가를 전달하려면 포화지방산이 있어야 하기 때문이다.

위의 충격적인 글은 필로의 말이 아니다. 리어 키스(Lierre Keith)의 말이다. 정확히 말하자면 얼마 전, 2013년 2월에 발간된 리어 키스의 〈채식의 배신〉이라는 책의 머리말에 나오는 내용이다. 리어 키스는 미국의 생태환경운동가이자 페미니스트로 열여섯 살 때 채식을 시작해 20년간 고기는 물론 어떤 동물성 단백질도 멀리하는 비건으로 살았다. 미국의 채식주의를 이끌었던 그녀가 비건이 된 것은 순전히 정의감 때문이었다고 한다. 단백질을 먹고 싶은 감정마저 '동족 살해'와 맞먹는 끔찍한 범죄로 느꼈을 정도였단다. 그동안 리어 키스의 행적을 살펴보면 그녀에게 채식은 생활이라기보다 종교에 가까웠다. 그리고 모든 이단 종교들의 종말이 그렇듯이 그녀는 몸도 정신도 만신창이가 되었다.

필로는 리어 키스의 〈채식의 배신〉을 읽으며 많이 안타까웠다. 20년

간 채식으로 만신창이가 된 그녀의 몸은 지난 2008년도에 필로가 쓴 〈고기예찬〉에서 경고한 것 그대로였기 때문이었다. 왜 그녀는 필로의 〈고기예찬〉을 5년 전에 읽지 않았을까? 그녀가 5년 전에 필로의 책만 읽었어도 고통을 5년이나 줄일 수 있었을 터인데 말이다. 필로의 이런 교만한 안타까움은 채식의 배신을 원망하는 그녀의 글을 읽는 내내 사라지지 않았다.

　리어 키스가 필로의 〈고기예찬〉을 읽지 않은 것은 그 책이 한국어로 쓰여졌기 때문일 것이다. 아니다. 필로가 그렇게 유명인사가 아니기 때문에 그녀는 그 책의 존재조차 몰랐을 것이다. 그런데 사실 그녀가 필로의 〈고기예찬〉을 읽었는지 안 읽었는지는 중요한 문제가 아니다. 그 이유는 설령 그녀가 그 책을 읽었더라도 거기에 적혀 있는 필로의 주장을 믿지 않았을 것이 분명하기 때문이다. 그녀의 말대로 윤리적 채식주의자든 정치적 채식주의자든 한번 채식주의자가 되면 채식은 종교가 되기 때문에 그 어떤 채식의 경고에 대해서도 믿지 않는다.

그리고 사실 필로의 〈고기예찬〉에 나오는 모든 정보는 이미 인터넷을 통해 알 수 있는 것들을 종합해서 해설한 것이다. 따라서 세계적으로 채식주의자의 선봉에 서 있었던 리어 키스는 〈고기예찬〉을 읽지 않았더라도 그 내용들을 다 알고 있었을 것이다. 그럼에도 불구하고 딱 한 가지 진짜 안타까운 점은 그녀가 겪었던 그 지독한 우울증의 원인을 뇌의 신경전달물질인 세로토닌의 부족 때문이라고 고백하는 대목이다.

〈고기예찬〉이 출간된 2008년도만 해도 뇌의 신경전달물질인 세로토닌은 대중에게 지금처럼 잘 알려지지 않았다. 전문가들 사이에서는 이미 많이 알려졌지만 대중적으로는 이제 막 '행복전달물질'이라는 이름으로 알려지기 시작할 때였다. 하지만 세로토닌에 대한 과학적인 이해의 부족으로 오히려 잘못된 상식이 쏟아져 나오기도 했다. 예를 들어 비오는 날에는 부침개를 먹으면 기분이 좋아지는데 그 이유는 밀가루로 만든 부침개를 먹으면 세로토닌이 많이 만들어지기 때문이라는 것이다.

어떻게 이런 비과학적인 말들이 만들어져 퍼졌는지 모르지만(사실 짐작은 되지만), 이런 말들은 설득력을 갖추기 위해 과학적으로 들리는 설명이 뒤따른다. 비가 오면 일조량의 감소로 뇌의 세로토닌이 부족해지고, 세로토닌의 전구물질인 트립토판은 탄수화물 섭취로 얻어지기 때문에 밀가루로 만든 부침개를 먹으면 기분이 좋아진다는 것이다. 그러나 이것은 사실이 아니다. 2008년에 필로가 조사했더니 트립토판은 탄수화물식품(밀가루)보다 단백질 식품(한우고기)에 월등히 많이 들어 있었고, 이 트립토판은 포화지방산이 있어야 효과적으로 세로토닌으로 전환된다. 따라서 비가 오는 날에는 부침개보다 마블링이 많은 한우고기를 먹어야 기분이 좋아진다.

5년 전 필로가 썼던 〈고기예찬〉에는 세로토닌과 관련해서 채식을 지속하면 신경이 날카로워지고 우울증에 걸리기 쉽다고 경고하고 있

다. 아마도 국내에서 그렇게 경고한 사람은 필로가 최초였을 것이다. 그러나 필로의 이런 경고에 귀를 기울인 사람은 그리 많지 않았다. 채식이 건강에 좋고 육식은 건강의 적으로 이미 널리 알려진 대한민국에서 식육학자 필로의 경고는 턱도 없는 소리로 들렸을 것이다. 그리고 지금 이 순간에도 인터넷 검색창에 '세로토닌'이라고 치면, 세로토닌은 탄수화물식품을 섭취해야 만들어진다는 자료가 수도 없이 많이 쏟아져 나온다.

그러나 이제 세계적으로 유명한 채식주의자였던 리어 키즈가 5년 전에 필로가 썼던 〈고기예찬〉의 내용을 〈채식의 배신〉에서 똑같이 주장하고 있다. 그것도 그녀의 몸이 직접 체험했던 경험담을 바탕으로 확인해주고 있다. 그녀는 비건으로 살았던 20년 동안 겪었던 우울증은 포화지방이 많은 고기를 먹으면서 사라졌다고 말한다. 이 밖에도 〈고기예찬〉에 쓰여 있는 많은 이야기가 〈채식의 배신〉에도 똑같이 나온다. 모두 고기를 먹어야 건강하게 오래 산다는 과학적인 이야기들이다.

우리나라에는 한우고기를 의도적으로 먹지 않는 사람들도 많이 있다. 그리고 그들의 뒤에는 국내 인구의 1% 남짓을 차지하는 약 60만 명의 채식주의자들이 있다. 이런 분들의 노력으로 현재 대한민국에는 채식은 건강식이자 환경친화식이라는 등식이 점차 자리잡아 가고 있다. 그 결과 한국채식연합의 자료에 따르면, 지난 10년 동안 채식 인구가 두 배로 늘어 50명 중 한 명이 채식을 하고, 채식위주로 먹는 사람이 1/5 정도 되는 것으로 추정되고 있다.

우리나라 채식주의자들은 종류도 다양하고 채식주의자가 된 이유도 여러 가지다. 한우고기 홍보대사를 하다가 동물보호운동을 하기 위해 채식주의자가 된 가수 이효리 같은 사람도 있고, 고혈압을 치료하기 위해서는 현미채식으로 목숨 걸고 편식하라고 주장하는 의사 황성수 같은 사람도 있다. 또 말기암에 걸린 손상된 유전자도 육식을 금하고 채식을 하면 정상으로 회복된다고 주장하는 제칠일안식교도 이상구 같은 사람도 있다. 이유야 어떠하든지 간에 채식으로 건강도 지키고 자연환경도 보호한다는 신념을 가지고 모두들 참 열심히 활동을 하고 있다.

문제는 우리나라 채식주의자들은 외국의 자료, 특히 미국식 영양과 환경을 주장의 근거로 삼는다는 사실이다. 그래서 한우고기를 안 먹어야 하는 이유가 공장식 축산으로 생산되기 때문에, 항생제 남용으로 생산된 소고기이기 때문에, 동물복지에 반하는 사육과 도축 때문에 등이 된다. 하나같이 미국 이야기를 한국에 적용해서 말하는 것이다. 그러나 앞에서 설명한 바와 같이, 한우는 공장식 축산으로 생산되지도 않고, 한우의 분뇨는 톱밥과 함께 잘 처리되어 친환경퇴비로 사용되고 있으며, 우리나라 한우농가처럼 애정을 가지고 소를 키우는 나라는 없다.

이것저것 다 따져 봐도 우리나라 채식주의자들은 그들이 윤리적 채식주의자든지 정치적 채식주의자든지 한우고기를 먹지 않아야 할 이유가 없다. 따라서 필로는 아무리 채식주의자라고 할지라도 건강하게 오래 살고 싶다면 다른 고기는 몰라도 한우고기만은 꼭 먹으라고 권하고 싶다.

16. 면역력을 증진시키는 한우고기

I LOVE HANWOO BEEF

나는 '단백질 신화'에 배신당했다. 어릴 때 겪은 닭과 돼지고기의 트라우마로 육식을 좋아하지는 않았지만, 수없이 들어온 '괴기'를 먹어야 '키도 크고 몸도 튼튼하고 공부도 더 잘 한다'는 말은 나를 맛있는 건 먹고 맛없는 건 안 먹는 식성으로 살게 해줬다. 한창 사회적 성공이나 실패를 서로 저울질할 40세 전후, 외모로도 뒤지면 안 된다는 생각에 몸매 관리에 돌입했고, 그 유명한 단백질 다이어트로 목표 달성을 했다. 가능하면 동물성 단백질로 배를 채우고 탄수화물을 최소한으로 먹었다. 키 160cm에 몸무게 47kg. 게다가 몸에 지방은 거의 없어 옷은 44반 사이즈, 모든 여자가 바라는 환상적인 목표에 도달하고부터가 문제였다.

저혈압에 무기력증, 우울증, 극민감성 피부, 불면증은 기본이었다. 다이어트로 선택한 고기가 중독을 불러왔고 오랫동안 끊지 못했다. 그

것도 유전자 변형된 옥수수 사료를 먹고 조직 사이사이에 기름이 얇게 끼도록, 오로지 사람의 먹이로 사육되고 처참하게 죽임을 당한 '최상등급'으로만 말이다. '단백질 신화' 신봉 5년의 결과는 처참했다. 한 달에 한두 번은 링거를 맞아야 버텼고, 1년에 서너 번은 장염과 신장염으로 응급실에 실려 갔다. 나는 리어 키스와는 반대로 단백질에 대한 맹신으로 내 젊음의 한때를 '몸은 말라비틀어지고 성질은 더러운 여자'로 살았다. 그러면서도 육식, 정확히 말해 최상등급 소고기를 끊지 못했다.

위의 글은 우리나라의 채식을 선도(?)하고 있는 채식문화 잡지 〈월간 비건〉의 이재향 편집장이 리어 키스의 〈채식의 배신〉을 읽고 쓴 서평의 서두다. 〈주간경향〉에 실린 이 서평은 누가 봐도 다분히 감정적이고 공격적으로 보인다. 아마도 극렬채식주의자, 그것도 세계적으로 채식운동을 이끌던 자가 채식을 포기하면서 참회록처럼 쓴 〈채식의 배신〉을 읽고 채식보다 더 큰 배신감을 느낀 것 같다. 충분히 이해가 된다. 과거 리어 키스에게 채식이 종교와 같았던 것처럼 지금 그녀에게 채식은 종교와 같을 터인데, 그 채식의 '신'에 대한 믿음에 배반당한 기분일 것이다.

그렇다. 필로는 모든 문제의 출발은 믿음으로부터 시작된다고 믿는다. 한우고기가 건강에 해롭다고 믿으면 의도적으로 먹는 것을 피하지만 건강에 좋다고 믿으면 아무리 비싸도 사먹는다. 인간의 믿음이라는 것은 그래서 무섭다. 누구나 믿음대로 행동하기 때문이다. 그래서 믿음은 바라는 것의 실상이고 보이지 않는 것의 증거라는 말이 있다. 육식이 건강에 해롭다고 믿는 사람은 내 몸을 망치는 모든 질병의 원인이 육식으로 귀결되지만, 채식이 건강에 해롭다고 믿으면 내 몸을 망가트린 증거가 채식이 된다. 그러므로 극렬한 운동가에 의해 만들어진 이야기 '신화'를 믿으면 안 된다. 더 많은 사람들에게 과학적으로 인정되고 있는 보편타당한 정보를 믿어야 한다는 말이다.

이재향 편집장은 '단백질의 신화'를 신봉하여 5년 동안 최상등급의 소고기를 먹었는데 저혈압에 무기력증, 우울증, 극민감성 피부, 불면증은 기본이었다고 말한다. 그녀가 먹었던 최상등급의 소고기가 한우고기였는지는 확실하지 않지만 한 달에 한두 번은 링거를 맞아야 버텼고, 1년에 서너 번은 장염과 신장염으로 응급실에 실려 갔단다. 그녀는 유전자 변형된 옥수수 사료를 먹고 조직 사이사이에 기름이 얇게 끼도록, 오로지 사람의 먹이로 사육되고 처참하게 죽임을 당한 '최상등급'으로만 먹었다고 한다. 그리고 그런 것을 먹었던 젊음의 한때를 '몸은 말라비틀어지고 성질은 더러운 여자'로 살았다고 말한다. 도대체 그녀는 어떤 쇠고기를 먹은 것일까?

그녀가 어떤 쇠고기를 먹었는지는 알 수 없지만, 한 가지 분명한 것은 고기박사 필로가 알고 있는 한우고기는 아니라는 점이다. 유전자 변형된 옥수수 사료를 먹고 조직 사이사이에 기름이 얇게 끼도록, 오로지 사람의 먹이로 사육되고 처참하게 죽임을 당한 소가 한우를 지칭하는 것인지는 불확실하다. 더구나 최상등급의 한우고기는 너무 비싸 웬만한 부자가 아니고서야 그렇게 자주 먹지도 못하거니와, 아무리 자주 많이 먹어도 몸이 말라비틀어지고 성질이 더러워지지 않는다. 오히려 한우고기는 식물성 단백질과는 비교도 되지 않는 양질의 단백질을 함유하고 있기 때문에 우리 몸의 면역력을 높여 건강하게 만들고 장수하게 만든다.

우리 몸은 언제 건강을 잃는가? 외부로부터 질병 바이러스나 세균이 공격해올 때 효과적으로 방어하지 못하면 질병을 앓고 건강을 잃는다. 따라서 우리 몸이 건강하기 위해서는 기본적으로 바이러스나 세균과 같은 외부 침입자의 공격을 막아낼 수 있는 방어체계를 잘 구축하여야 한다. 우리는 그 방어체계를 면역시스템이라고 부르고, 면역시스템이 효율적으로 가동되는 능력을 면역력이라고 한다.[1] 그런데 한우고기에 있는 양질의 단백질은 체내 면역력을 증진시키는 각종 물질의 합성에 효율적으로 사용된다. 한우고기를 많이 먹으면 면역력이 높

아져 건강해진다는 말이다.

쉽게 말하자면 이렇다. 감기 바이러스가 우리 몸에 들어왔을 때 체
내 면역체계가 제대로 작동하지 않아 효과적으로 감기 바이러스를 퇴
치하지 못하면 우리는 감기에 걸리고 몸살을 앓게 된다. 따라서 감기
에 걸리지 않기 위해서는 평소 면역력을 높여두는 것이 필요한데, 이
면역력이라는 것은 면역체계를 이루는 항체와 보체에 의해 결정되고,
이 항체와 보체는 아미노산들로 구성되는 단백질이다. 그러므로 평소

항체나 보체가 잘 만들어질 수 있도록 양질의 단백질을 많이 함유하고 있는 한우고기와 같은 식품의 섭취가 건강 유지를 위해 중요하다는 말이다.

그런 점에서 리어 키스가 비건 식사를 시작한 지 3개월 만에 생리가 멈추고, 만성피로와 절대 낫지 않는 감기에 시달렸다는 것은 충분히 이해가 된다. 아무리 식물성 단백질을 많이 섭취한다고 하더라도 면역시스템을 효과적으로 가동시키기 위한 항체나 보체가 만들어지기에는 역부족이기 때문이다. 콩, 쌀, 밀가루 등 식물성 식품들은 아무리 총단백질의 함량이 높다고 하더라도 필수아미노산을 하나 또는 둘 이상 부족하게 가지고 있는 불완전단백질이기 때문에 항체나 보체를 효과적으로 만들지 못한다.

한우고기의 가장 큰 장점은 양질의 단백질에 있다. 단백질을 구성하는 아미노산 20종류 가운데, 사람이 체내에서 합성할 수 없는 필수아미노산은 8종류가 있으며, 어린이의 경우는 2종류가 더 있다. 이런 필수아미노산들은 체내에서 합성되지 않기 때문에 식품을 통해 필수적으로 섭취하여야 한다. 만약 필수아미노산 가운데 어떤 하나라도 결핍이 되면 인간은 제대로 된 생명활동을 영위할 수 없다. 신체를 이루는 모든 기관들이 단백질로 이루어질 뿐만 아니라 기관들을 작동하게 만드는 호르몬이나 효소 등도 단백질로 이루어지기 때문이다. 따라서 면역력을 높여 건강한 생활을 하고 싶다면 필수아미노산의 조성이 우수한 한우고기와 같은 식품을 많이 섭취하는 것이 좋다.

그러나 채식주의자들은 채식이나 곡채식으로도 건강한 몸을 유지하는데 큰 문제가 없다고 말한다. 하지만 이는 보편타당한 과학적 사실에 반하는 주장이다. 식물성 단백질만 섭취하면 필수아미노산의 공급이 제대로 이루어지지 않기 때문이다. 위에서 설명한 8종류의 필수아미노산은 이소류신(isoleucine), 류신(leucine), 발린(valine), 리신(lysine), 메티오닌(methionine), 페닐알라닌(phenylalanine), 트레오닌(threonine), 트립토판(tryptophan)이며, 어린이의 경우 더해지는 2종류는 아르기닌(arginine)과 히스티딘(histidine)이다. 어떤 식품의 단백질이 양질인가 아닌가는 이러한 필수아미노산들의 함량과 균형에 따라 결정된다. 그런데 10개의 필수아미노산을 모두 갖추고 있는 식물성 단백질은 단 하나도 없다. 콩이든 밀가루든 쌀이든 모든 식물성 식품은 제한아미노산을 가지고 있는 것이다.

과학적으로 모든 식품의 단백질 영양가는 제1제한아미노산의 함유 수준으로 결정된다. 제1제한아미노산이란 이상적인 필수아미노산의 조성과 비교하여 어떤 식품에서 가장 부족한 필수아미노산을 말하며, 그 다음으로 부족한 것을 제2제한아미노산이라 말한다. 그런데 식물성 단백질은 모두 제1제한아미노산을 가지고 있다. 그래서 채식주의자들이 가장 훌륭한 단백질원이라고 주장하는 콩의 아미노산가는 86이고, 우리가 주식으로 삼고 있는 쌀의 아미노산가는 65이며, 빵의 주원료인 밀가루의 아미노산가는 44이다. 참고적으로 쌀과 밀가루의 제1제한아미노산은 리신이며, 콩(대두)의 제1제한아미노산은 메치오닌이다.

이 같은 이유로 만약 단일 식물성 식품으로 식사를 지속하면 건강에 큰 문제가 발생할 수 있다. 극단적인 예를 들어 아침부터 저녁까지 계속 콩으로 만든 두부만 먹는다면 우리 몸은 메치오닌을 필요로 하는 단백질이 만들어지지 않기 때문에 건강을 잃을 수 있다. 이해하기 쉽게 비유적으로 설명하자면, 만약 어떤 감기 바이러스의 항체를 구성하는 단백질의 아미노산 조성에 메치오닌이 포함되어 있다면 두부만 먹으면 그 감기에 걸릴 수밖에 없다는 소리다. 두부를 아무리 많이 먹어도 그 감기 바이러스를 퇴치할 수 있는 항체가 만들어지지 않기 때문이다. 그런데 아무것도 안 먹고 한우고기만 먹어도 그 항체는 잘 만들어진다. 한우고기의 단백질은 제1제한아미노산을 가지고 있지 않는 양질의 단백질이기 때문이다.

문제는 지금 이 순간에도 인터넷을 검색해 보면 동물성 단백질을 과다하게 섭취하였을 때 발생하는 각종 문제점들이 너무 과장되게, 너무 광범위하게 유포되고 있다는 사실이다. 그러나 조금만 의식을 가지고 생각해 보면 우리나라 사람들이 그렇게 많은 동물성 단백질을 육류를 통해, 특히 양질의 단백질 공급원인 한우고기를 통해 섭취하고 있지 않다는 것을 알 수 있다. 오히려 인스턴트식품이나 가공식품을 통한 저급단백질의 과다 섭취가 문제다. 그래서 필로는 사회가 발전하고 현대화되면서 스트레스도 많아지는 우리나라 사람들은 자연식품인 한우고기를 통해 양질의 단백질을 더욱 많이 섭취해야 된다고 믿는다. 한우고기는 스트레스에 강한 신체를 만드는 데도 좋기 때문이다.

보통 과로나 수면부족, 또는 마음고생 등으로 장기간 스트레스를 받으면 감기에 걸린다거나 만성편도염 또는 치주병 등이 악화된다. 스트레스로 인해 면역력이 저하되어 세균이나 바이러스와 충분히 싸워 이겨내지 못해 감염증에 걸리는 것이다. 그런데 체내 단백질이 부족하면 면역력이 감소되기 때문에 만약 스트레스를 받는 사람이 고탄수화물 저단백질 식사를 한다면 저항력이 더욱 약화되어 감염증에 쉽게 걸리게 된다. 스트레스를 많이 받는 현대인일수록 한우고기와 같은 양질의 단백질을 풍부히 갖추고 있는 식품의 섭취가 더욱 필요하다는 말이다.

필로는 현대 과학과 의학이 아무리 발달한다고 해도 우리 사회가 감염증을 완벽하게 예방할 수 있다고 믿지 않는다. 더욱이 현대사회가 스트레스에서 자유로울 수 없는 한 감염증으로부터도 자유로울 수 없다. 게다가 진짜 중요한 것은 감염방어는 생체방어시스템에 조그만 문제라도 생기면 완벽한 기능을 수행할 수 없다는 점이다. 따라서 우리는 나이나 성별을 불문하고 평소에 양질의 단백질을 충분히 섭취하여 완벽한 면역시스템을 구축하는 것이 바람직하다. 그리고 완벽한 면역시스템의 구축은 영양에 편중이 생기지 않는 식단으로 이루어진다는 것도 명심해야 한다. 간단히 말해 채식이라는 지독한 편식보다는 주기적으로 한우고기를 먹는 잡식의 균형식이 완벽한 면역시스템 구축에 좋다는 말이다.

 각주

1) 사람의 신체는 외부로부터 몸을 지키거나 질병을 막기 위하여 여러 가지 생체방어기구를 가지고 있는데, 그 중 가장 중요한 것이 면역체계이다. 면역이란 부과된 사역을 면한다는 뜻으로, 한 번 감염증으로부터 회복된 사람은 같은 질병에 두 번 걸리지 않는다는 뜻으로 붙여진 이름이다. 면역의 주체는 외부로부터 침입한 이물(항원)을 배제하는 역할을 하는 항체이다. 항체는 면역글로불린(Immunoglobulin)이라는 대단히 큰 단백질에서 만들어져서 혈액이나 림프액 등의 체액에 녹아서 존재한다. 항체와 함께 면역체계에서 중요한 역할을 담당하는 것이 보체이다. 면역체계는 그 전체가 정교하여 불가사의한 구조이지만, 그 중에서도 보체는 가장 불가사의한 존재로 알려져 있다. 보체는 거의 20종류의 단백질 집합체이지만 평소에는 각각 흩어진 단편으로서 혈액 중에 존재한다. 그러나 병원체가 침입하면 하나로 결합되어 다양한 역할을 수행한다. 먼저 직접 세균에 접촉하여 구멍을 내어 세균을 죽인다. 보체의 성분 중에는 호중구(호중성 백혈구)나 마이크로파지(백혈구의 기본세포)를 병원체가 있는 특정 장소로 불러 모으는 강력한 신호역할을 하는 것도 있다. 또한 항체가 세균과 결합하면 보체가 2개의 항체를 가교처럼 연결하여 항체가 세균을 쉽게 탐식하도록 도와준다. 뿐만 아니라 항체생산을 촉진하는 역할도 수행한다. 항체나 보체는 아미노산으로 구성되는 단백질이다.

17. 한우고기로 지키는 아이들의 체성장

I LOVE HANWOO BEEF

필로에게 있어 키는 상당히 예민한 문제다. 남자의 키가 165cm면 살아가는데 큰 불편함이 없음에도 불구하고 필로의 아내는 생각이 다르기 때문이다. 필로와 키가 같은 아내는 혹시나 우리 아이들이 아빠의 유전자를 물려받아 키가 작으면 어떻게 하나 늘 노심초사다. 그래서 아이들의 키에 관한 한 용서받지 못할 원죄를 제공한 필로는 키 이야기만 나오면 안절부절 어쩔 줄 모른다. 매번 아무렇지도 않은 듯 "아빠의 잘 생긴 얼굴을 물려받았으니 키는 좀 작아도 괜찮아"라고 말하지만 은근히 신경이 쓰이는 것이 사실이다.

키 전문가들은 아이들의 키는 부모의 키가 절대적인 영향을 미친다고 말한다. 절망이다. 하지만 영양, 운동, 수면 등 생활 습관을 성장 친화적으로 개선하면 '숨은 키' 10cm를 키울 수 있다고 한다. 희망이다. 요즘 남자 키가 175cm면 큰 키는 아니지만 그 정도면 충분히 용서가

가능하기 때문이다. 사실 필로가 어렸을 때는 우리나라 남성의 평균 키가 160cm 이하였다. 필로는 한창 성장기에 영양 상태가 나빠서 내가 가진 키 유전자의 100%를 표현형으로 발현하지 못했다. 못 먹어서 덜 컸다는 소리다. 요즘 한국인의 평균 키가 20년 동안 급성장한 것은 분명 영양 개선과 밀접한 관련이 있다. 그러므로 아빠 필로가 원죄로부터 자유롭게 해방될 수 있는 가장 좋은 방법은 틈만 나면 양질의 단백질이 풍부한 한우고기를 아이들에게 먹이는 것이다.

그런데 아이들의 키에 대한 고민은 필로만 하는 것이 아닌 것 같다. 롯데헬스원에서 실시한 설문조사에 따르면, 주부 97.4%가 자녀의 키 성장과 관련해 고민해봤으며, 그 중 26.3%는 매우 심각한 스트레스를 받고 있다고 한다. 그리고 자녀의 키 1cm 성장을 위해 62.9%가 500~1000만원까지 투자할 의사가 있다고 응답했단다. 그러니까 자녀의 키를 10cm 더 키우기 위해 최소 5천만 원에서 최대 1억 원까지 투자할 의사가 있다는 말이다. 하지만 지방 국립대 교수인 필로는 돈이 그렇게 많지 않기 때문에 경제적이고 효율적인 방법을 쓰고 있다. 아이들이 한창 성장기일 때 좀 비싸지만 한우고기를 틈만 나면 먹이는 투자를 하고 있는 것이다.

성장기가 지난 아이들의 키를 키우기 위해 고가의 성장호르몬을 투여하거나 성조숙증을 치료하는 등 의료 기술에 의존하는 것은 비효율적인 투자방법이다. 성장기가 지난 후에는 아무리 비싼 성장호르몬을 투여해도 최종 키를 더 자라게 하지는 못하기 때문이다. 따라서 아이들이 성장기가 끝나기 전에 키 성장에 필수적인 4대 영양소, 즉 단백

질, 칼슘, 아연, 철분이 풍부한 음식을 충분히 먹이는 것이 매우 중요하다. 우리 몸은 긴뼈를 자라게 하는데 탄수화물이나 지방보다 단백질과 미네랄을 더 쉽게 이용하기 때문이다. 특히 단백질은 근육과 혈액의 재료가 되고 뼈를 지지하는 인대의 구성성분이다. 그래서 키를 키우기 위해서는 살이 되고 피가 되는 양질의 단백질을 많이 섭취해야 한다.

필로가 성장기 아이들의 성장에 한우고기가 좋다고 하는 근거는 역시 한우고기가 가지고 있는 우수한 단백질에 있다. 인간의 몸은 필수아미노산 가운데 어떤 하나라도 결핍이 되면 성장이 제대로 이루어지지 않는다. 우리의 몸을 형성하고 있는 근육, 뼈, 내장, 피부, 털, 이빨 등 거의 모든 기관들이 단백질로 만들어지기 때문이다. 따라서 한창 새로운 세포들을 만들어야 하는 성장기에는 필수아미노산의 조성이 우수한 한우고기와 같은 식품의 섭취가 꼭 필요하다.

채식주의자들은 식물성 식품만으로도 인간의 성장에 필요한 모든 단백질을 섭취할 수 있다고 말한다. 물론 이론적으로는 맞는 말이다. 비록 모든 식물성 단백질들이 제1제한아미노산을 가지고 있지만, 그들의 주장대로 여러 종류의 식물성 단백질을 섞어 먹으면 부족한 필수아미노산들을 서로 상쇄할 수 있다. 하지만 현실적으로 식물성 식품들을 각각 단백질의 아미노산가를 계산하고 부족한 필수아미노산을 보충하기 위한 식단을 짜서 먹는다는 것은 그리 쉬운 일이 아니다. 특히 성장기의 어린이나 청소년들에게 그렇게 먹이기란 정말 힘든 일이다. 그리고 왜 또 그렇게 먹어야만 하는지에 대한 이유도 불분명하다. 그냥 채식의 식단에 한우고기 한 접시만 있으면 모든 것이 해결되는데 말이다.

채식주의자 가운데는 "한창 자랄 나이에 콩나물을 먹으면 키가 쑥쑥 큰다"고 말하는 사람도 있다. 이런 말은 굳이 과학적으로 설명할 가치도 없지만, 콩나물에는 칼슘과 인이 너무 소량으로 존재하기 때문에 키 성장 효과와는 무관하다. 오히려 아이들을 롱다리로 만드는 데 방해가 되는 것은 탄수화물과 지방, 특히 트랜스지방이다. 과도한 탄수화물과 지방의 섭취는 비만을 유발하고, 축적된 피하지방의 비만세포에서 여성호르몬이 분비되어 정상적인 성장을 저해하기 때문이다. 특히 성장장애는 단백질, 철분, 칼슘, 아연 중 하나라도 섭취가 부족하면 나타난다. 그러므로 키를 키우고 체격을 좋게 하기 위한 최고의 비결은 편식 없는 균형잡힌 식사다. 한 식품군을 과다 섭취하면 상대적으로 다른 식품군의 섭취가 부족해져 성장에 필수적인 영양소가 결핍되기 쉽기 때문이다.

이처럼 다양한 음식을 골고루 먹는 것이 체성장에 좋은 식습관이다. 특히 어린 나이의 성장기에는 음식을 가리지 않고 잘 먹어서 건강하고, 건강해서 잘 먹는 선순환의 식생활 패턴을 형성하는 것이 매우 중요하다. 따라서 채식이나 자연식을 주장하는 사람들에 의한 잘못된 정보에 현혹되어 어린 자녀들이 나쁜 식습관을 갖도록 해서는 안 된다. 식습관이란 일상 식사의 반복이 누적되어 형성되는 것이기 때문에 한번 나쁜 식습관이 형성되면 고치기 매우 어렵기 때문이다. 고기도 어려서부터 많이 먹어 본 사람이 잘 먹는다. 어려서부터 까다로운 채식으로 편식하는 습관에 길들여지면 어른이 되어도 고기를 쉽게 먹지 못한다. 이는 성장이나 건강에 바람직하지 않을 뿐만 아니라 기호의 폭이 좁아져 사회생활에서도 문제가 될 수 있다.

필로는 성장기에 채식위주의 편식으로는 몸이 필요로 하는 단백질을 모두 얻을 수 있다고 믿지 않는다. 그렇게 믿는다면 그건 정말 위험한 짓이다. 만약 성장기에 단백질의 섭취가 부족하면 단백질 부족증(Kwashiokor)을 일으켜 발육이 지연되고 피부와 모발의 색소가 변화하며 부종 등이 발생할 수 있기 때문이다. 뿐만 아니라 단백질의 섭취부족은 성장지연, 면역력 부족, 빈혈, 학습능력 부족 등을 유발하기도 한다. 따라서 지속적인 성장을 하는 청소년과 새로운 조직의 생성이 필요한 어린아이의 경우는 양질의 고급단백질을 섭취하는 것이 바람직하다. 필수아미노산 조성이 우수한 한우고기를 충분히 먹는 것이 좋

다는 말이다.[1]

한우고기의 단백질은 아무리 칭찬을 해도 과하지 않다. 한우고기의 단백질은 영양학적으로 건강과 생명을 유지하기에 매우 우수하기 때문이다. 우리 체내에는 약 10만종의 단백질이 존재하고 있다. 몸의 골격을 만드는 구조단백질, 근육의 탄력적인 활동을 만들어내는 수축단백질, 호르몬이나 효소 또는 혈류를 따라 여러 가지 물질을 운반하는 운반단백질, 면역의 역할에 필수적인 황체나 보체의 방어단백질 등이 사람의 건강과 생명현상을 담당하고 있다. 그런데 사람이 건강과 생명을 유지하기 위해 필요로 하는 혈액, 호르몬, 효소, 항체 등 이 모든 단백질들이 다 동물성 단백질들이다. 식물성 단백질이 아니라는 소리다.

한우고기의 단백질은 각종 조리에 의해서도 손실되지 않으며 체내 흡수율과 이용률이 매우 좋다. 필로가 성장기의 어린이나 청소년들에게 한우고기가 좋다고 하는 이유가 바로 이 때문이다. 대부분의 식물성 단백질은 필수아미노산의 균형이 한우고기에 비해 좋지 않기 때문에 체내 화학반응에 쉽게 이용되지 못 한다. 즉, 체내에서 꼭 필요한 효소나 면역반응 또는 호르몬의 합성 등에 충분히 이용되지 못하고 단순히 에너지원으로서 사용되어 오줌으로 배설되어 버린다. 이때 만약 에너지원으로 사용되지 못한 식물성 단백질은 지방으로 전환되어 체내에 축적된다. 하지만 한우고기의 단백질은 아미노산의 균형이 좋을 뿐만 아니라 소화흡수도 효율적으로 이루어지기 때문에 체내에서 단백질로서의 효과적인 활동을 수행한다. 따라서 한우고기는 장시간 책상에 앉아 공부를 해야 하는 청소년 학생들의 체력 증진과 빠른 피로회복을 통한 집중력 향상을 위한 매우 좋은 식품이라고 할 수 있다.

성장기 학생들에게 한우고기가 좋은 또 다른 이유는 신체를 이루고 있는 세포의 턴오버(turn over, 대사회전)를 원활하게 해주기 때문이다. 우리 체내의 모든 단백질들은 각각의 수명이 있기 때문에 기능을 다한 단백질은 분해되어 사라지고 새롭게 생성된 단백질로 교체된다. 이것을 학술적으로 턴오버라고 하는데, 턴오버가 원활하게 이루어져야 건강한 몸을 유지할 수 있다. 체내에서 수명을 다한 단백질은 세포 안에 있는 리보솜(ribosome)에서 아미노산으로 분해되어 다시 새로운 단백질을 합성하는 재료로 이용된다. 하지만 일정 분량의 단백질 감소분은 식사를 통해 보충하여야 한다.

이런 턴오버를 원활하게 이루어지게 하기 위해서 성인은 하루에 체중 kg당 약 1.08g의 단백질 섭취가 필요하다. 그런데 성장기의 신체는 턴오버뿐만 아니라 성장과 발달이라는 생화학적 반응이 활발히 일어나기 때문에 더 많은 단백질의 섭취가 필요하다. 물론 이러한 턴오버와 성장과 발달에 필요한 단백질의 보충에 있어서도 한우고기의 단백질은 콩, 쌀, 밀가루의 단백질에 비해 우선적으로 이용된다. 한우고기 단백질의 아미노산 조성이 인체의 단백질과 유사하기 때문이다.

 각주

I LOVE HANWOO BEEF

1) 한우고기가 성장기에 얼마나 좋은 식품인지 알아보기 위해서는 우리 체내에 들어온 단백질이 어떻게 소화되고 흡수되어 이용되는지 이해할 필요가 있다. 체내로 섭취된 단백질은 위에서 강한 산성인 위액에 의해 입체구조가 깨지고, 소화효소인 펩신의 영향을 받은 후 12지장으로 가서 췌액과 만나 중성으로 중화된다. 중화된 단백질은 단백질분해효소와 섞여 회장으로 옮겨가면서 아미노산과 아미노산이 몇 개가 붙어 있는 펩티드 형태로 작게 분해되고, 펩티드는 회장과 공장에서 아미노산으로 분해되어 소장점막에서 흡수된 후 혈액을 따라 간장에 도착한다. 간장은 우리 몸의 대사활동을 주관하는 중추기관으로 아미노산을 이용하여 각종 단백질을 합성하는데, 1개의 간세포가 1분 동안 만들어내는 새로운 단백질은 무려 60만개에서 100만개에 이른다.

간장에서 합성된 단백질은 다시 분해와 합성을 빈복하면서 체내에서 각가의 기능을 수행하는데, 일부의 아미노산은 질소부분이 제외되고 탄소부분이 지방이나 당분이 되어 에너지로 이용되기도 한다. 그런데 한우고기의 단백질은 우리 체내에서 필요로 하는 단백질의 아미노산 조성과 유사하기 때문에 거의 대부분이 곧바로 단백질로 합성되어 이용된다. 하지만 식물성 단백질들은 아미노산 조성이 체내 단백질과 상이하기 때문에 단백질의 합성에 충분히 이용되지 못하고 지방이나 당분으로 전용될 가능성이 높다. 쉽게 말해 한우고기의 단백질들은 대부분 근육이나 뼈대를 만드는 데 또는 호르몬이나 효소 등을 만드는 데 이용되지만, 식물성 단백질들은 단순히 에너지로 이용되거나 축적지방으로 전환되기 쉽다. 이것이 성장기에 한우고기를 먹으면 채식위주의 식사를 할 때보다 키가 커지고 체격도 좋아질 뿐만 아니라 체력도 좋아지고 건강해지는 이유이다.

18. 노인건강에도 좋은 한우고기

I LOVE HANWOO BEEF

필로는 노인건강에 대해 이야기할 때마다 환갑잔치를 하신 지 얼마 지나지 않아 뇌졸중으로 돌아가신 아버지가 생각난다. 필로가 아직 대학생이었을 때, 아버지는 중풍에 걸려 1년쯤 누워 계시다가 허망하게 돌아가셨다. 아버지는 찢어지게 가난한 살림살이에도 외아들이었던 필로를 대학까지 보내셨는데, 말 그대로 입고 싶은 것 안 입고 먹고 싶은 것 안 먹어가며 그 비싼 대학등록금을 마련하셨다. 그래서 필로는 가슴이 아프다. 밥과 된장국 그리고 김치로 일관된 채식의 식단, 필로의 아버지는 자의적인 채식이 아닌 타의적인 채식으로 중풍에 걸리신 것 같아 가슴이 아프다.

필로의 아버지뿐만 아니라 대한민국의 많은 노인들이 중풍으로 고생을 하시다가 고단한 삶을 마감하신다. 우리나라 성인의 사망원인 1위는 암이지만 이것은 모든 암을 다 포함시킨 결과이고, 단일질병으로

는 뇌졸중이 단연 사망원인 1위를 차지한다. 소위 '중풍'이라고 불리는 뇌졸중은 통상적으로 뇌경색, 뇌출혈 등 뇌혈관에 문제가 생겨 쓰러지는 것을 말한다. 여기서 뇌경색은 뇌혈관이 막혀서 일어나는 증세이며, 뇌출혈은 뇌혈관이 터진 것을 말한다. 그런데 우리나라 노인들은 뇌혈관이 막히는 뇌경색보다 터지는 뇌출혈의 비율이 월등히 높다.

많은 사람들이 뇌졸중이라 하면 뇌혈관에 콜레스테롤이 침착하여 혈관이 좁아진 결과 터지는 것으로 생각한다. 그러나 이것은 비만한 미국 같은 나라에 해당되는 이야기고, 자의적이든 타의적이든 채식을 너무나 잘 하고 있는 우리나라 노인들은 뇌혈관벽이 얇아지고 탄력을 잃어 터지는 경우가 허다하다. 확실히 우리나라 노인들은 육류소비량이 높은 외국의 노인들에 비해 중풍에 걸린 사람들이 많다. 덴마크, 스웨덴, 독일 등은 우리나라와 비교되지 않을 정도로 육류소비량이 높지만 세계적으로 장수하는 나라로 알려져 있으며, 중풍에 걸려 사지불수가 되는 노인들도 찾아보기 힘들다. 왜 그럴까?

웰빙식인 채식을 하면 건강하게 오래 살아야 하는데, 왜 뇌혈관벽이 탄력을 잃고 얇아져서 중풍에 걸리는 확률이 높아지는 것일까? 그 이유는 채식을 하면 염분은 지나치게 많이 섭취하게 되는 반면, 양질의 단백질과 지방의 섭취는 부족하게 되기 때문이다. 뇌졸중은 고혈압과 동시에 탄력을 잃고 얇아진 뇌혈관벽이 주요 원인이다. 그런데 염분을 과다섭취하면 고혈압을 피할 수 없고, 양질의 단백질과 지방의 섭취가 부족하면 뇌혈관이 튼튼해질 수가 없다. 따라서 채식을 하는 것보다 한우고기와 같이 양질의 단백질과 지방이 적절히 함유된 식품의 섭취가 뇌졸중 예방에 큰 도움이 된다.

채식위주의 식사를 하게 되면 염분의 섭취를 쉽게 줄일 수 없다. 각종 야채 또는 나물은 식물성 재료 자체가 가지고 있는 고유의 쓴맛 때문에 맛을 내기 위해서는 소금을 첨가하지 않을 수 없기 때문이다. 하지만 어떤 요리라도 한우고기가 들어가면 소금을 그리 많이 넣지 않아도 된다. 한우고기는 그 자체에 맛 성분을 충분히 함유하고 있기 때문에 다른 조미료나 소금을 그리 많이 넣지 않아도 된다는 말이다. 예를 들어 미역국에 한우고기를 넣고 끓이면 넣지 않고 끓인 것과 맛의 차이가 극명하게 나타난다. 따라서 미역국에 한우고기를 넣고 끓이면 소금이나 조미료를 많이 넣지 않아도 된다.

더욱이 한우고기를 먹으면 염분의 섭취를 줄일 수 있을 뿐만 아니라 염분을 체외로 빠르게 배출시켜 고혈압의 예방에 큰 도움을 준다. 이에 대해서는 이미 과학적으로 검증된 설명이 필요하다. 염분의 나트륨(Na)이 혈관벽의 세포에 축적되면 세포는 수분을 흡수하여 팽창한 결과, 혈관벽이 두꺼워져서 혈관의 내측이 좁아지게 된다. 만약 세포 내에 쌓인 나트륨이 바깥으로 나가면 세포밖에 있는 칼슘과 교환이 일어나서 이번에는 세포 내에 칼슘이 증가한다. 이렇게 세포 내에 칼슘이 증가하면 혈관벽은 다시 칼슘으로 두꺼워지고 혈관의 내경은 더욱더 좁아져 고혈압의 원인이 될 뿐만 아니라 혈관벽이 탄력을 잃고 붕괴되기 쉽다.

그런데 다행히도 최근의 연구 결과들은 한우고기와 같이 양질의 동물성 단백질을 풍부히 가지고 있는 음식을 섭취하면 식염에 의한 고혈압의 피해를 예방하고 유전적인 소인이 있는 뇌졸중도 방지할 수 있다고 밝히고 있다. 즉, 한우고기와 같은 양질의 단백질이 풍부한 식사를 하면 고탄수화물의 채식을 한 것에 비해 나트륨이 재빠르게 오줌으로 배출된다. 따라서 체내에 나트륨이 축적되지 않아 고혈압이 예방되고, 결과적으로 뇌졸중도 방지된다는 말이다.

이처럼 한우고기 속에 들어 있는 양질의 동물성 단백질은 혈관을 탄력 있게 만들고 튼튼하게 유지한다. 더욱이 메치오닌같이 유황을 함

유한 아미노산, 즉 함유아미노산이 뇌졸중의 발병을 억제하고 혈압을 강하하는 효과가 있는 것으로 알려져 있다. 함유아미노산은 교감신경 억제 효과가 있는데, 교감신경은 스트레스를 받으면 자극되어 심장의 역할을 왕성하게 만든다. 일반적으로 스트레스에 민감한 사람이 고혈압에 걸리기 쉬운데, 교감신경의 자극에 의해 분비되는 호르몬이 동맥경화를 촉진하고 심근경색을 초래하기 쉽다. 하지만 한우고기에 함유되어 있는 함유아미노산은 교감신경을 억제하고, 혈압의 상승이나 심장박동수의 급격한 증가를 억제하는 효과가 있다.

우리는 신체를 이루고 있는 모든 세포가 한 번 생성되면 평생 가는 것이 아니라는 사실을 알아야 한다. 인간은 1,000억 개의 뇌세포를 가지고 태어나지만 출생 후부터 매일 10만개의 뇌세포가 죽어간다. 물론 혈관을 이루고 있는 세포도 생성과 퇴화를 반복하기는 마찬가지이다. 따라서 영양이 충분히 공급되지 않으면 모든 세포는 퇴화만 이루어지고 새로운 세포를 만들어내지 못해 문제가 발생한다. 그런데 정상적인 영양을 공급받는다고 할지라도 노인들의 경우에는 젊은 사람들에 비해 단백질의 합성이 원활하지 못하기 때문에 자칫 근육의 양이 감소되거나 혈관벽이 얇아질 수 있다. 그러니 노인들이 양질의 단백질을 충분히 공급받지 못하는 경우에는 더욱 말할 필요가 없다.

노인들이 양질의 단백질을 섭취하는 것은 건강하게 장수하기 위해 필수적이라는 것은 두말 할 나위가 없다. 우리의 몸을 구성하고 있는 단백질은 대략 10만 종류 이상이 있으며, 이것들이 체내에서 각각의 역할을 분담하여 기능을 하기 때문에 우리는 생명과 건강을 유지할 수 있다. 만약 어떤 단백질이 체내에서 합성되지 않아 부족하게 되면 그에 상응하는 건강적인 문제가 즉각 발생한다. 따라서 체내에서 그 많은 단백질들의 원활한 합성이 즉각적으로 이루어지는 것은 건강을 위해 매우 중요한데, 단백질 합성이라는 것은 외부로부터 섭취되는 영양성분에 의해 지대한 영향을 받는다. 즉, 어떤 식품을 통해 단백질을 공급받느냐가 체내 단백질 합성과 건강의 유지를 위해 매우 중요하다는 소리다.

하지만 현재 평균적인 한국 노인의 식생활 점수는 낙제 수준이다. 국민건강 영양조사에서도 동물성 식품의 섭취량이 나이가 들수록 감소하는 것으로 나타났다. 전체 식품 중 동물성 식품의 섭취 비율이 20대는 20%에 근접하는데 비해 65세 이상은 14%에도 못 미친다고 한다. 특히 최근 혼자 살거나 우울증, 치매 등에 걸린 노인들이 늘어나면서 영양결핍도 증가하고 있는 추세다. 엎친 데 덮친다고 근래 광우병이나 구제역 사건 등을 겪으면서 한우고기 기피 현상이 더욱 심해져 양질의 동물성 단백질 섭취가 더 힘들어졌다. 한 조사에 따르면, 우리나라 노인의 영양소 섭취량은 나트륨과 철분을 제외한 거의 모든 영양소에서 청소년층보다 못하다고 한다. 노인의 1일 평균 육류섭취량은 50g을 약간 상회하는 정도인데 이는 20대의 절반 수준에 불과하다.

채식을 주장하는 사람들은 "나이를 먹으면 한우고기와 같은 기름진 음식은 피하는 것이 좋고 가능한 야채 중심의 자연식이 좋다"고 말한다. 그런데 나이를 불문하고 건강하게 오래 사는 장수를 누구나 간절히 원하기 때문에, 이런 말들이 비과학적이라도 생각보다 쉽게 사람들에게 먹힌다. 그래서 육식은 나쁘고 채식이 좋다는 생각이 대한민국을 점령해 버렸다. 채식주의자들은 채식도 더욱 발전시켜 밥도 백미보다는 현미를, 또 보리 등을 섞어 먹는 혼식 또는 곡채식이 건강에 좋은 것으로 만들었다. 그런데 요즘 우리나라 사람들이 건강에 좋다고 생각하고 있는 곡채식의 식사에서 필로는 그리 많지 않은 연세에 뇌졸중으로 돌아가셨던 아버지의 식사를 본다.

필로는 채식주의자들에게 밥과 된장국, 그리고 소금에 절인 각종 야채와 나물이 주식이었던 시대에 우리나라 평균수명이 얼마였던가를 상기해 보길 권한다. 불과 지금으로부터 삼사십 년 전의 일이다. 그 당시 우리나라는 세계 여러 나라로부터 동정을 받던 불쌍한 단명국(短命國) 중 하나였다. 2013년 대한민국은 이제 겨우 1인당 육류소비량이 년 40kg에 도달한 나라로, 양질의 단백질이 풍부한 한우고기는 겨우 4kg 정도 먹고 있다. 그런데 우리는 마치 육류소비량이 120kg인 미국 사람들처럼 말하고 행동하고 있다. 미국과 달리 우리나라는 노인들의 사망원인 1위가 뇌졸중이면서도, 뇌졸중의 원인이 마치 한우고기와 같은 기름진 음식에 있다고 말하고 있다. 어쩌자는 말인가?

19. 날씬한
몸매를 원한다면 한우고기
I LOVE HANWOO BEEF

　건강한 식생활의 키워드가 '균형'과 '적정'이라면 만병의 근원으로 지목되고 있는 비만을 예방하는 키워드는 '과유불급(過猶不及)'이다. 아무리 건강에 필수적인 영양소라고 하더라도 다다익선(多多益善)은 절대 아니기 때문이다. 따라서 한우고기가 아무리 훌륭한 양질의 단백질식품이라고 하더라도 지속적으로 많이 섭취하면 비만을 피하기 어렵다. 그렇지 않아도 다른 식품들로부터 과잉의 영양이 공급되고 있는 현재의 상황에서 소고기를 미국 사람들처럼 먹어대면 비만으로부터 절대 자유로울 수 없기 때문이다.[1]

　현재 우리나라에서 비만은 당뇨병, 고지혈증, 동맥경화 등 모든 성인병의 위험요소로 알려져 있고, 그 비만은 서구화된 식단 때문이라고 말하고 있으며, 그 서구화된 식단의 중심에는 고기가 있다. 하지만 고기=지방=비만으로 생각하는 것은 대단한 착각이다. 이는 고기의 지방, 즉 동물성 지방에 대한 그릇된 정보들을 너무 많이 들어왔기 때문이다. 그래서 마블링이 좋은 한우고기는 더욱 억울하다. 사실 밥과 국, 그리고 반찬이 주식인 우리나라 사람들의 식단이 서구화되면서 비만율이 높아지긴 했지만, 그런 비만을 주도하는 것은 한우고기의 마블링 같은 양질의 지방이라기보다 인스턴트식품이나 가공식품에 들어 있는 저질의 지방이다. 아니, 그런 식품들에 들어 있는 탄수화물, 즉 당분이다.

고기를 많이 먹지 않는, 특히 한우고기는 진짜 적게 먹고 있는 우리나라 국민들의 비만 원인은 기본적으로 운동부족과 잘못된 식습관이다. 특히 남자들은 운동량은 적고 음주의 횟수가 많은 것이 비만의 주원인이다. 또 전문직이나 사무직 또는 학생의 경우는 앉아서 일하거나 공부하는 시간이 많은 것도 비만의 주요인이다. 물론 운동량의 부족 못지않게 고칼로리 또는 고지방 식사도 비만의 주요인이다. 따라서 스트레스가 많고 복잡한 일들에 시달리는 현대인들이 비만을 피하고 적절한 체중을 유지하기 위해서는 그 무엇보다 우선 바른 식습관을 가지는 것이 중요하다. 여기에 덧붙여 섭취된 영양소가 지방으로 전환되어 축적되지 않도록 규칙적인 운동을 하거나 가급적 몸을 많이 움직이도록 하는 습관이 필요하다.

어떤 식품이든 아무리 몸에 좋은 것이라 할지라도 과하면 오히려 몸을 망친다. 그래서 운동도 지나치지 않게 적당히 해야 하고, 먹는 것도 골고루 적당히 먹는 것이 건강에 이롭다. 채식처럼 특정 음식을 편식한다거나 또는 절식하는 것은 매우 바람직하지 않다. 인간은 잡식동물이기 때문이다. 인간은 위가 4개인 반추동물이나 초식동물처럼 채식만 하거나 또는 육식동물처럼 육식만 해서는 건강히 살아갈 수 없다. 채식과 육식을 적정하게 조합한 잡식을 섭취하는 것이 정답이라는 말이다. 즉 한우고기, 돼지고기, 닭고기, 물고기, 야채, 과일, 두부, 된장국, 밥 등 모든 식품을 골고루 섭취하는 것이 비만을 피하는 최고의 식습관이다.

일반적으로 비만하게 되지 않으려면 가급적 고칼로리나 고지방식품을 피하고 고단백질, 고섬유질식품 위주로 식사를 하는 것이 좋다. 그래서 최근에는 고단백질인 닭가슴살과 고섬유질인 고구마가 다이어트에 좋은 식품이라고 많이 알려져 있다. 그런데 사실 한우고기도 닭가슴살과 동일한 효과를 볼 수 있는 고단백질 부위가 많이 있다. 물론 한우고기하면 마블링이 좋은 꽃등심이 먼저 머리에 떠오르기 때문에 지방함량이 많다고 오해할 수 있지만, 지방함량이 적은 안심, 우둔, 설도, 사태 같은 부위는 닭가슴살에 버금가는 고단백질을 자랑한다. 특히 이런 부위에는 식욕을 조절하는 아연, 철분, 비타민 등이 월등히 많아 오히려 더 다이어트에 좋다고 할 수 있다.

고단백질 식단이 고탄수화물 식단에 비해 다이어트 효과가 좋다는 것은 이미 과학적으로 잘 밝혀져 있다. 특히 비만한 대사증후군 환자들을 대상으로 실험을 하면, 고단백질 식이요법의 효과가 드라마틱하게 나타난다. 즉, 단백질 비율을 높인 식이요법을 한 그룹이 그렇지 않은 그룹보다 체중 감량 속도가 월등히 빠르게 나타나는 것이다. 이것은 비만한 사람들은 전체 몸무게를 줄이는 것보다 체지방을 줄이는

것이 더 중요하기 때문인데, 고탄수화물 식사에 비해 고단백질 식사가 체지방 감소에 효과적으로 작용한 결과다. 단백질이 탄수화물이나 지방보다 체중감량 효과가 크다는 말이다.

　단백질의 열량(4kcal/g)은 탄수화물(4kcal/g)이나 지방(9kcal/g)과 비교할 때 같은 열량이라도 체내에서 에너지 형태로 더 많이 사용되는 반면, 몸 안에 저장되는 비율은 낮다. 또한 단백질은 같은 양을 먹어도 허기를 덜 느끼게 하는데, 그 이유는 단백질이 다른 영양소보다 뇌에 '먹기 중단' 신호를 더 빨리 보내기 때문이다. 따라서 비만하여 다이어트가 필요한 사람은 한우고기와 같은 고단백질식품으로 다이어트를 실시하는 것이 훨씬 효과적이다. 물론 일반인들도 식사를 할 때 단백질 함량을 높이고, 탄수화물과 지방의 비율을 줄이면 체중감량과 유지에 큰 도움이 된다.

현재 우리나라 국민들의 평균 에너지 섭취 비율은 비교적 바람직한 것으로 보인다. 한국의 성인을 기준으로 평균 섭취 열량은 남성이 2,500kcal이고 여성은 2,000kcal이다. 그리고 국민건강 영양조사에 따르면, 한국인의 영양 섭취 비율은 단백질 20%, 탄수화물 60%, 지방 20%로 권장량에 근접한 수준이다. 따라서 필로는 우리나라 사람들이 비만과 관련해서 정말 걱정해야 할 식품은 한우고기와 같은 자연식품 소재가 아니라고 생각한다. 우리가 진짜 걱정해야 할 식품들은 기름에 튀긴 패스트푸드나 가공식품들, 특히 건강에 좋다고 생각하여 많이 섭취하는 저지방 고탄수화물식품들이다.

우리나라의 전통적인 식단은 밥과 된장국, 김치와 나물 등 고섬유질, 저지방으로 구성되어 있다. 그러나 최근에 식사가 서구화되어 가면서 비만이 문제가 되었고, 고칼로리나 고지방 식단이 원인이라고 생각하게 되었다. 여기서 필로가 강조하고자 하는 점은 비만의 원인이 되는 고칼로리나 고지방식품은 일반적으로 기름에 튀긴 음식이나 인스턴트식품들이라는 사실이다. 불에 굽거나 물에 삶아 기름기를 빼고 먹는 천연자연식품인 한우고기는 비만과 별로 관계가 없다는 말이다. 예를 들어 기름에 튀긴 쇠고기 패티로 만든 햄버거나 통닭, 감자튀김 등을 당분이 들어 있는 콜라와 함께 먹으면 고칼로리 고지방이 맞다. 하지만 숯불에 잘 구운 한우등심을 고섬유질의 채소와 함께 먹는 것이나 각종 식물성 재료들과 함께 장시간 고온가습 조리한 한우갈비찜을 먹는 것을 고칼로리 고지방 식사라고 할 수는 없다는 말이다.

문제는 저지방이라고 선전하는 고탄수화물의 가공식품들이다. 빠른 시간 내에 비만이 되고자 하는 사람에게 고당분 식품보다 더 좋은 음식은 없다. 식사를 통하여 섭취된 여분의 당분은 모두 아세틸코에이 (Acetyl Co A)를 경유하여 중성지방이 되어 체내에 축적되기 때문이다. 특히 당분 중에서도 설탕은 중성지방을 만드는 효과가 탁월하다. 따라서 빨리 비만이 되고 싶다면 설탕이 많이 들어간 식품의 섭취를 최대한 늘리고, 음식을 조리할 때도 가급적 설탕을 많이 넣는 것이 좋다.

대부분의 인스턴트식품은 무엇보다도 당분 함량이 많아 칼로리가 높은 편이다. 제조과정에서 맛을 증진시키기 위해 백설탕을 많이 사용하기 때문이다.

인스턴트식품뿐만 아니라 커피, 탄산음료, 술 등을 통해 설탕이 과잉 섭취되면 비만은 물론 당뇨, 심장병, 동맥경화 등에 걸리기 쉽다. 특히 오늘날 우리나라 소아비만의 주범은 당분이라고 해도 과언이 아니다.

어린아이들이 즐겨 먹는 과자류는 기름에 튀기거나 설탕을 묻혀놓

은 것이 대부분이며 탄산음료수 등에도 당분은 빠지지 않고 들어 있다. 우리 아이들에게 고열량을 공급하는 주범은 마블링이 좋은 한우고기의 지방이 아니고 당분이라는 말이다.

성인의 경우도 마찬가지다. 하루에 습관적으로 몇 잔씩 마시는 커피에도 필요 이상의 설탕이 들어 있으며 각종 주류도 고열량 음료이다.

그러므로 필로의 결론은 이렇다. 비만의 평계를 많이 먹지도 않는 한우고기의 마블링 같은 동물성 지방으로 돌리면 안 된다. 만약 고기를 많이 먹지 않는 한국인이 비만이 되었다면, 그건 열량이 높은 다른 식품들을 필요 이상으로 많이 섭취했기 때문이다. 특히 기름에 튀기고 당분을 많이 함유하고 있는 인스턴트식품이 고칼로리식품으로 비만의 주범이다. 늦은 밤에 야식으로 먹는 라면, TV를 보면서 습관적으로 먹는 과자, 당이 많이 들어 있는 음료수 등이 비만의 주범인 것이다. 그러니 괜히 자연식품인 한우고기의 우수한 마블링을 보고 비만의 원인이라는 누명을 씌우면 안 된다. 한우고기로 비만이 되기란 정말 힘든 일이다. 다이어트에 좋은 음식이기 때문이다.

 각주

I LOVE HANWOO BEEF

1) 비만은 만병의 근원이다. 일단 우리 몸이 비만하게 되면 체내로 흡수되는 열량을 소모하는 능력이 떨어지고 운동능력까지 감소하게 된다. 그 결과 고혈압, 당뇨, 동맥경화 등 만성질환의 위험에 무방비로 노출되게 된다. 따라서 비만은 이제 개인적인 문제를 떠나 범국가적인 문제로 인식되고 있으며, 지난 2003년 세계보건기구(WHO)는 '비만과의 전쟁'을 선포하기에 이르렀다. 비만은 더 이상 한 개인이나 한 나라의 문제가 아니라 세계 모두의 문제가 된 것이다. 실제로 각종 자료에 따르면, 전 세계 성인 가운데 10억 명이 과체중이고, 전체 국민의 30% 이상이 과체중이며, 특히 청소년의 경우 5명 중 1명이 비만이라고 한다. 여기에 더욱 심각한 문제는 비만의 가속화가 너무 빠르게 진행되고 있다는 사실이다. 그래서 오늘날 비만은 '세계에서 가장 빨리 확산되는 질병'으로 불린다. 지난 10년 동안 세계의 비만인구는 두 배 가까이 늘어났는데, 이렇게 빠른 속도로 확산된 질병은 역사상 없었다. 그래서 사람들은 에이즈(AIDS)가 인류의 건강을 위협하는 20세기 최대의 질병이었다면, 21세기의 최대의 질병은 비만이라고 경고하고 있다.

〈제2부〉 건강한 장수를 책임지는 한우고기 **155**

20. 한우고기를 먹고 뚱뚱해지는 건 불가능

I LOVE HANWOO BEEF

　　우리나라 사람들이 한우고기를 좋아하는 이유는 무엇보다 맛있기 때문이다. 도대체 한우고기는 왜 맛이 있는 것일까? 일반적으로 소고기의 맛은 일차적으로 지방으로부터 오고, 그 다음에 단백질이 뒤를 받친다. 그런데 한우고기는 근내지방, 즉 마블링이 우수하기 때문에 다른 수입쇠고기들보다 우선 맛있게 느껴진다. 물론 고소하고 자극적인 지방의 뒷맛을 받치는 구수하고 은근한 단백질의 맛도 한우고기가 최고다.

　　불과 이삼십 년 전만 하더라도 우리나라 국민들은 동물성 지방의 섭취가 부족하였기 때문에 의도적으로 동물성 지방을 찾아 먹었다. 서민들은 돼지고기를 살 때도 비계를 더 넣어 달라고 하였고 지방 함량이 많은 삼겹살을 가장 좋은 부위로 여겼다. 그러다 한번쯤 비싼 한우고기를 먹게 되는 날이면 사람들은 한우고기 지방의 맛에 입맛을 다셨다. 몸이 먼저 반응하였던 것이다. 원래 사람의 입맛이라는 것은 몸이 필요로 하는 성분이 들어 있는 식품에 끌리게 되어 있기 때문이다.

그런데 우리나라의 경제가 발전하고 사람들이 부유해지면서 상황이 급변했다. 고기의 지방이 맛이 있기 때문에 고기를 먹었던 사람들이 이제는 영양섭취가 과잉이 되자 비만이 걱정되어 고기 먹는 것을 우려하고 있다. 그러나 사람들이 걱정하는 것처럼 고기의 지방은 비만의 주범도 아니고 건강에 나쁜 것도 아니다. 이 같은 잘못된 정보는 채식의 장점을 주장하기 위해 식물성 지방과 동물성 지방을 비교하다보니 만들어진 것이다. 특히 동물성 지방을 과도하게 섭취하였을 때 발생할 수 있는 문제들을 과장되게 전파시킨 결과이다.

필로는 한우고기 지방과 같이 포화지방의 비율이 상대적으로 많은 동물성 지방은 나쁘고 올리브기름과 같이 불포화지방의 비율이 높은 식물성 지방은 좋다고 말하는 것에 동의하지 않는다. 어떤 지방이든지 간에 지나치게 많이 먹으면 둘 다 비만이 되고 건강에 나쁘기 때문이다. 또 반대로 어떤 지방이든지 간에 적정하게 섭취하면 둘 다 건강에 좋기 때문이다.

필로가 이렇게 주장하는 근거는 지방이 가지고 있는 기본적인 특성에 있다. 지방은 식물성이든 동물성이든 모두 지방산이 주성분이다. 그리고 지방산은 화학적 구조의 차이에 따라 포화지방산(S), 1가불포화지방산(M) 및 다가불포화지방산(P)의 3가지로 구분된다. 지방산을 구분할 때 일반적으로 사용하는 S, M, P는 각각 Saturate fat, Mono-unsaturate fat 및 Poly-unsaturate fat의 머리글자를 딴 약식기호로 식

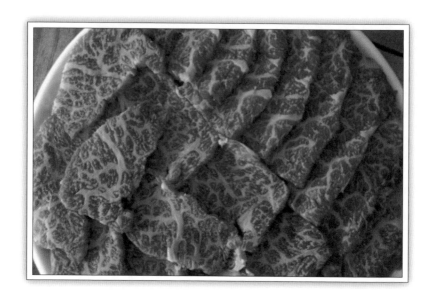

품의 지방산 구성을 표기할 때 많이 사용한다. 그런데 오늘날 대부분의 영양학자들은 특정 지방산을 주로 섭취하는 것은 바람직하지 않으며, 다양한 식품을 통해 S:M:P의 비율을 1:1.5:1로 섭취하는 것이 건강상 바람직한 지방의 섭취방법이라고 권장하고 있다.

지방을 구성하는 지방산에는 12가지 이상이 있으며, 탄소결합에 수소가 모두 연결되어 있어 화학적으로 안정된 것을 포화지방산이라 한다. 또 수소가 연결된 자리에 탄소가 연결된, 즉 탄소끼리만 연결되어 (탄소의 2중결합) 화학적으로 불안정한 것을 불포화지방산이라 한다. 불포화지방산은 다시 1가불포화지방산과 다가불포화지방산으로 분류하는데, 올레산처럼 탄소의 2중결합이 하나 있는 것을 1가불포화지방산이라 하고, 탄소의 2중결합이 2개인 리놀레산 또는 2중결합이 3개인 리놀렌산 같은 것을 다가불포화지방산이라 한다. 그런데 포화지방산이나 1가불포화지방산은 당분이나 아미노산을 이용하여 체내에서 합성이 가능하지만, 다가불포화지방산 가운데 리놀레산이나 리놀렌산 같은 것은 체내에서 합성되지 않기 때문에 꼭 음식을 통해 섭취할 필요가 있어 필수지방산이라 부른다.

지방산들은 체내에서 각각 다른 기능을 수행하는데, 포화지방산과 1가불포화지방산은 우리 몸이 사용하는 주된 에너지원으로 역할을 하며, 다가불포화지방산은 세포막을 구성하는 인지질의 일부로서 우리 몸을 구성하는 모든 세포에 골고루 분포되어 콜레스테롤의 대사운반, 세포막에서 나오는 신호물질 등 생리활성물질로서 중요한 역할을 수행한다. 이러한 이유로 우리 몸은 포화지방이나 1가불포화지방이 부족하면 기력이 떨어져 제대로 힘을 쓸 수 없으며, 필수지방산이 부족하면 감염증에 대한 저항력이 떨어지고 발육장애를 일으킬 수 있다. 어떤 지방산이든 신체의 건강을 위해서 모두 필요하다는 말이다.

한우고기를 포함하여 모든 식품의 주요 지방산을 조사해 보면, 포화지방산은 팔미틴산과 스테아르산이 주요 성분이고, 1가불포화지방산은 올레산이 차지한다. 그런데 리놀레산과 리놀렌산 같은 다가불포화지방은 식물성 식품에 주로 많이 함유되어 있다. 예를 들어 리놀레산은 옥수수기름, 면실유, 대두유와 같은 식물성 기름에 많이 함유되어 있다. 또 건강에 좋다고 알려져 있는 생선의 지방에는 DHA나 EPA 같은 지방산이 함유되어 있는데 이것들도 다가불포화지방산이다.

그런데 한우고기에 가장 많이 함유되어 있는 지방산은 1가불포화지방산인 올레산이고, 다음으로 포화지방산인 팔미틴산과 스테아르산이다. 한우고기에는 다가불포화지방산인 리놀레산이 소량으로 존재한다. 바로 이 점 때문에, 즉 다가불포화지방산이 한우고기에는 많이 없으나 식물성 식품이나 생선에는 많이 있기 때문에 채식주의자들은 한우고기의 지방이 건강에 좋지 않고 식물성 식품이나 생선의 지방이 좋다고 주장하지만, 최근에는 이를 부인하는 많은 연구결과들이 발표되고 있다.

예를 들어 미국 애틀랜타 애모리대학의 신경과 파디 나하브(Fadi Nahab) 교수팀은 미국인 21,675명을 대상으로 지역별로 조사한 결과, 튀긴 생선을 많이 먹는 지역(일주일에 최소 2번 이상 섭취)의 사람들이 그렇지 않은 지역의 사람들보다 뇌졸중 발병률이 40% 이상 높게 나타났다고 발표하였다. 그는 생선은 오메가3 지방산을 함유하고 있어 뇌졸중 발병 위험을 낮출 수 있지만, 튀긴 생선은 오히려 뇌졸중 발병

위험을 높인다고 주장했다. 이 같은 연구결과는 건강에 아무리 좋은 지방산이라도 지나치게 많이 섭취하면 오히려 건강에 해가 된다는 것을 극명하게 보여주는 좋은 예이다.

이처럼 다가불포화지방산이 많은 식물성 지방이나 생선의 지방이라고 무조건 동물성 지방인 돼지고기 지방보다 건강에 좋은 것이 아니다. 식물성 지방이든 생선의 지방이든 건강에 좋다는 어떤 특정 지방산 하나로는 구성될 수 없기 때문이다. 즉, 한우고기 마블링의 지방도 여러 가지 지방산들의 집합체이고, 식물성 지방이나 생선의 지방도 지방산들의 집합체라는 말이다. 단지 그 지방산의 비율에서 약간의 차이가 존재할 뿐이다. 그러므로 무조건 식물성 지방은 좋고, 동물성 지방은 나쁘다고 하는 것은 적절하지 않다. 어떤 지방이든지 지나치게 많이 섭취하면 둘 다 비만이 되고, 그에 따른 성인병을 유발하는 것은 마찬가지이기 때문이다.

필로는 한우고기의 지방을 식물성 지방에 비해 포화지방의 비율이 높다고 해서 비만이나 그에 따른 각종 성인병과 연결시키는 것은 과학적으로 지나친 논리의 비약이라고 생각한다. 그러나 만약 채식주의자들이 그런 논리의 협박으로 마블링이 많은 한우고기를 즐기는 사람들을 두렵게 만들고자 했다면, 필로는 그들의 전략이 대단한 성공을 거두었다고 평가한다. 현재 우리나라의 많은 사람들이 마블링이 많은 한우고기를 비만이나 성인병과 연관시켜 먹기를 꺼려하게 된 반면, 리놀레산 같은 식물성 지방산이나 DHA나 EPA 같은 생선의 지방산은 다이어트나 몸에 좋은 건강식품처럼 취급하고 있기 때문이다.

그러나 이것만은 꼭 알아두는 것이 좋다. 지방산은 3개씩 모여 글리세라이드의 알코올에 붙으면 산성부분이 중화되어 안정된 형태의 중성지방이 되는데, 대부분의 식품에 함유되어 있는 지방산들은 중성지방의 형태를 하고 있기 때문에 어떤 특정 지방을 특정 지방산처럼 취급해서는 안 된다는 점이다. 더욱이 식물성 지방에 많이 함유되어 있는 다가불포화지방산은 탄소의 2중결합이 2개 이상 있기 때문에 포화지방산에 비해 불안정하여 산화되기 쉽다. 그런데 이렇게 산화가 일어나면 과산화지질이 생기고 이것이 동맥경화나 심장질환을 촉진시키는 인자로 작용한다. 따라서 식물성 지방이나 생선의 지방에 많은 다가불포화지방산 중 특정 지방산을 건강에 좋다는 이유로 집중적으로 섭취하면 오히려 큰 낭패를 볼 수 있다.

한우고기 지방에는 소량 존재하지만 식물성 지방에는 많은 리놀레산은 콜레스테롤 저하작용이 있는 것으로 알려지면서 건강보조식품으로 지금까지 인기가 높다. 그런데 리놀레산도 지속적으로 많이 섭취하면 오히려 동맥경화나 심근경색이 유발될 수도 있다. 즉, LDL에 함유되어 있는 콜레스테롤은 지방산과 결합하여 에스테롤형이 되는데, 다가불포화지방산인 리놀레산은 그 화학적 구조가 불안정하기 때문에 쉽게 산화될 수 있다. 그리고 이렇게 산화된 리놀레산은 LDL 표면의 단백질을 변성시켜 혈관의 내벽에 엉겨 붙어 죽상종이라 불리는 덩어리가 되는데, 이 죽상종이 동맥경화의 주된 원인이 된다. 따라서 그런 점에서 본다면, 오히려 다가불포화지방산이 적은 한우고기의 지방은 식물성 지방이나 생선의 지방과 비교하여 과산화지질의 발생을 걱정하지 않아도 된다는 장점이 있다.

그렇다고 필로가 마블링이 많은 한우고기를 매일 먹어도 비만이나 동맥경화와 상관없이 건강할 수 있다고 주장하는 것은 아니다. 포화지방산과 1가불포화지방산을 많이 함유하고 있는 한우고기의 지방은 1g에 약 9kcal를 생산해내는 훌륭한 에너지원이지만, 섭취가 과도하게 지나치면 비만이나 고혈압의 원인이 될 수 있으며, 그 결과 동맥경화나 심장질환 등을 유발할 수도 있다. 그런데 여기서 필로가 지적하고 싶은 점은 그렇게 되려면 한우고기를 '지나치게' 많이 섭취해야 한다는 사실이다.

하지만 과연 우리나라 사람들 중 한우고기를 문제가 될 정도로, 즉 매일 지속적으로 구워먹는 먹는 사람이 몇 명이나 있을까? 그리고 만약 꽃등심처럼 마블링이 많은 한우고기를 매일 먹었기 때문에 비만이 되었다면, 올리브기름에 튀긴 음식을 그렇게 먹어도 비만이 될 수밖에 없다는 것을 알아야 한다. 그런데 올리브기름에 튀긴 음식은 매일 먹을 수도 있지만 한우고기는 비싸서 그렇게 먹을 수도 없고, 또 경제적 능력이 된다고 해도 쉽게 질리기 때문에 매일 먹기란 거의 불가능하다.

21. 한우고기의 지방이 진짜 지방

I LOVE HANWOO BEEF

지금으로부터 25년 전쯤, 미국 LA에서 건너온 의사 이상구 씨가 TV에 나와 엔도르핀 이론을 설파하며 대한민국을 건강열풍으로 몰아넣은 적이 있다. 그는 엔도르핀 호르몬의 기능과 역할을 부각하며 대중에게 건강의 중요성을 전파했는데, 당시 그가 나오는 텔레비전 프로그램은 웬만한 오락·연예 프로그램보다도 더 높은 시청률을 기록했다. 그리고 그 '이상구 신드롬'은 엔도르핀 이론에 이어 건강하게 오래 살기 원한다면 고기를 먹지 말고 채식을 해야 된다는 '채식론'으로 정점을 찍었다. 그것이 대한민국에 채식의 바람을 몰고 온 시발점이었다.

육류섭취량이 120kg인 비만한 미국에서 온 이상구 씨가 우리나라 사람들에게 채식을 해야 된다고 주장했던 때는 서울올림픽이 열렸던 1988년도였다. 당시 우리나라 육류소비량은 18kg이었다. 그러니까 지금보다 고기를 절반 정도 먹던 나라 사람들에게 고기를 너무 많이 먹어 건강에 문제가 많은 미국의 영양학을 근거로 고기를 먹으면 비만해지고 각종 성인병에 걸린다고 설을 푼 것이다. 그런데 놀랍게도 우리나라 국민들은 그의 말에 열광했다. 그리고 한동안 고기를 먹지 않았다.

요즘 이상구 씨는 다시 활발한 활동을 하고 있다. 이번에는 '유전자 건강법'으로 설을 풀고 있다. 현대인은 여러 가지 오염 물질과 스트레스 때문에 유전자가 변질되지 않을 수 없는데, 유전자가 변질되면 자연히 세포도 변질이 되고, 이 중 심하게 변질된 것이 암세포라고 한다. 이렇게 유전자가 변질되어 생긴 암세포는 뉴스타트(NEW START)하면 다시 원상복구되어 말기암도 치유될 수 있단다. 이상구 씨는 나쁜 생활습관을 버리고 새로운 생활습관을 형성하여 새 삶을 살아가면 변질된 비정상 유전자들은 다시 적응하여 정상으로 회복되는 것이 뉴스타트라고 설명한다.

이상구 씨가 말하는 뉴스타트(NEW START)는 영양(Nutrition), 운동(Exercise), 물(Water), 햇빛(Sunlight), 절제(Temperance), 공기(Air), 휴식(Rest), 신뢰(Trust)의 첫글자를 따서 만든 단어다. 뭔가 억지로 짜맞춘 것 같은 느낌이 들지만 많은 사람들이 그의 말에 쉽게 넘어간다. 그만큼 그럴 듯하다는 소리다. 특히 뉴스타트의 처음 세글자 NEW를 설명하는 부분에서는 다들 넘어간다. 잡곡밥, 생야채, 나물, 감자, 고구마 등으로 밥상을 차리고 운동을 꾸준히 하고 물도 항상 충분히 마신다. 그러면 고장난 유전자가 다시 정상으로 회복되어 건강해진다. 정말 그럴 듯하게 들리지 않는가?

이상구 씨는 정통 기독교에서는 이단으로 구분하는 제칠일안식교의 독실한 신자다. 그러나 항상 그는 언론에 크리스천이라고 자신을 소개한다. 그래서 사람들은 그를 독실한 기독교 신자로 알고 있다. 일반 사람들은 정통 기독교가 무엇인지 이단이 무엇인지 잘 모르기 때문이다. 마찬가지로 보통 사람들은 정통 영양학이 무엇인지 이단 영양학이 무엇인지 잘 모르기 때문에 잡곡밥, 생야채, 나물, 감자, 고구마 등으로 밥상을 차리라고 하면 그게 건강에 좋은 영양식이라고 생각한다. 그리고 제칠일안식교의 교리에 따라 육식을 금하고 채식을 선으로 여기게 된다.

불과 25년 전, 이상구 씨가 혜성처럼 나타나기 전만 하더라도 우리나라 사람들은 아무 걱정 없이 고기를 즐겨 먹었다. 아니, 한우고기는 그리 자주 먹지 못했기 때문에 어쩌다 한번 한우고기를 먹게 되면 정말 아무 생각 없이 맛있게 잘 먹었었다. 그런데 육류섭취량이 120kg 정도였던 미국의 연구결과, 즉 동맥경화나 심근경색 등의 원인이 육류에 많은 포화지방 때문이라는 정보가 대한민국에 아무런 여과 없이 전파되었다. 그리고 한우고기를 그리 많이 먹지도 않는 한국인들도 미국사람들처럼 한우고기를 먹으면 포화지방의 과다섭취로 동맥경화나 심근경색에 걸리기 쉽다고 믿게 되었다. 물론 이렇게 되기까지는 각종 언론매체들이 크게 기여를 하였다.

그런데 흥미롭게도 미국이 세계에서 심장병 사망률이 압도적으로 높은 이유가 과도한 포화지방의 섭취 때문이고, 그 포화지방이 혈중 콜레스테롤 수치를 상승시켜 심혈관 질환을 유발한다는 안셀 키즈

(Ancel Keys)[1] 박사의 주장 이후, 미국은 물론 우리나라에서도 식품의 지방에 대한 논란이 복잡하게 전개되었다. 주로 건강에 어떤 지방은 해롭고 어떤 지방은 이롭다는 식의 다양한 주장들이 발표되었는데, 여기에는 포화지방, 불포화지방, 중성지방, 콜레스테롤, 필수지방산, 다가불포화지방산, 오메가3, 오메가6, 트랜스지방 등과 같은 용어들이 사용되었다. 연일 신문이나 매스컴에서는 새로 나온 연구결과라며 어떤 것은 먹어도 되고 어떤 것은 먹으면 나쁘다는 뉴스를 보도하였다. 그런 뉴스 중에 가장 대표적인 논란이 혈관건강에 정말 한우고기 지방 같은 동물성 지방은 나쁘고 올리브유 같은 식물성 지방은 좋으냐는 것이었다.

한우고기의 마블링, 즉 동물성 지방이 혈관건강에 미치는 영향에 대해 바로 알기 위해서는 먼저 포화지방과 불포화지방에 대한 기본적인 이해가 필요하다. 주로 동물성 지방에 많은 포화지방은 실온에서 고체로 굳어지는 특성이 있다. 따라서 사람이 포화지방을 섭취하면 체내에 흡수되어 지방을 필요로 하는 세포나 조직 또는 장기에 침착하게 되고, 그곳에서 많은 부분이 굳어버리면 세포나 조직 및 장기의 기능에 문제가 생긴다. 보통 동물성 지방이라고 말하면 대표적으로 소고기와 돼지고기의 지방을 들면서 이 둘을 동일하게 취급하는데, 소고기 지방과 돼지고기 지방은 분명한 차이가 있다.

소고기 지방은 포화지방과 불포화지방의 비율이 45~50% 대 55~50% 정도로 비슷하다. 소는 사람보다 체온이 약 2~3도 높기 때문에 소의 몸속에서는 포화지방이 굳거나 고체상태가 되지 않는다. 그러나 돼지의 체온은 사람과 비슷할 뿐만 아니라 돼지고기 지방은 40% 정도가 포화지방이고 60% 정도는 불포화지방이다. 따라서 소고기 지방보다 포화지방이 적은 돼지고기의 지방은 더 말랑말랑하고, 만지면 기름이 손에 더 많이 묻는다. 동물성 지방 중 특이하게도 생선의 지방은 거의 불포화지방인데, 그 이유는 물고기가 낮은 온도의 물속에서 살기 때문에 만약 포화지방을 가지고 있으면 지방이 모두 굳어버려 생명을 유지할 수 없기 때문이다. 특히 깊은 바다 속 생선의 지방은 바닷물의 온도가 아무리 낮아도 절대 굳는 법이 없는 불포화지방산으로 구성된다.

식물성 지방도 대부분 상온에서 액체 상태를 유지하는 불포화지방이다. 그런데 식품업계에서는 식물성 불포화지방에 수소를 넣고 가압하고 가열하여 인공적으로 마가린이라는 포화지방을 만들어 빵에 발라 먹을 수 있게 만들었다. 마가린처럼 불포화지방을 인공적으로 포화지방으로 만든 것을 트랜스지방이라고 한다. 식품업계에서 트랜스지방을 사용하는 이유는 트랜스지방으로 튀기면 바삭바삭하고 고소해지기 때문이다.

필로는 대한민국에서 한우고기의 마블링에 있는 포화지방이 혈중 콜레스테롤 수치를 높여 동맥경화를 일으키는 원인이 된다는 말에 동의하지 않는다. 그 이유는 역시 우리나라 한우고기 섭취량이 미국의 쇠고기 섭취량과 비교도 되지 않게 적기 때문이다. 즉, 소고기에 많은 포화지방이 혈중 콜레스테롤 수치를 상승시켜 동맥경화를 일으킨다는 것은 미국처럼 쇠고기 지방의 섭취가 과다한 나라에서는 맞는 말이지만, 최소한 대한민국에서는 한우고기의 지방이 동맥경화의 원인이라고 할 수 없다는 말이다.

더욱이 한우고기의 콜레스테롤이 직접 혈관내벽에 축적되어 동맥경화를 유발하는 것도 아니다. 동맥경화란 동맥의 벽이 두꺼워지고 굳어져 혈관의 안쪽 공간이 좁아지는 것을 말한다. 동맥경화에도 여러 종류가 있는데, 우리나라 사람들이 가장 많이 알고 있는 일반적인 것은 혈관내벽에 콜레스테롤이 축적하여 죽상종을 만들어 발생하는 '아테로마(Atheroma) 경화'라는 것이다. 하지만 오래된 수도관에 물때가 쌓이는 것처럼 콜레스테롤이 혈관내벽에 쉽게 쌓이는 것은 아니다. 혈관의 가장 안쪽에는 내피세포라는 방어벽이 있어 LDL-콜레스테롤이 쉽게 침입될 수 없기 때문이다.

그러나 앞에 설명한 지방과 마찬가지로 만약 LDL-콜레스테롤이 활

성산소에 의해 산화되면 변성이 일어나 내피세포에 쉽게 들어갈 수 있게 된다. 또한 내피세포가 고혈압이나 고지혈증, 혈소판 등에 의해 상처가 날 경우에도 산화-LDL이 쉽게 침입할 수 있게 된다. 이렇게 혈관에 들어간 산화-LDL이 죽상종을 만들고, 이게 터지면서 혈전이 생겨 동맥경화를 유발한다.

그러므로 한국에서는 동맥경화의 원인을 한우고기의 마블링에서 찾을 것이 아니라 다른 식품의 지방에서 찾아야 한다는 것이 필로의 주장이다. 예를 들어 케이크, 빵, 과자, 팝콘, 도넛, 감자튀김, 밀크쉐이크 같은 식품에 들어 있는 포화지방이나 트랜스지방이 진짜 문제다. 트랜스지방의 위해성은 포화지방과 마찬가지로 미국에서 시작해서 우리나라에 전파되었다. 미국의 뉴욕주립대 의대 학장인 마이클 로이진 교수에 따르면, 심혈관 질환의 주범은 트랜스지방과 포화지방으로 이것들의 섭취를 줄이면 4년이 젊어진다고 한다.

필로는 대한민국에서 군이 지방의 섭취를 심혈관계 질병의 원인이라고 하고자 한다면, 한우고기의 마블링처럼 진짜 지방이 아닌 트랜스지방 같은 가짜 지방을 지목해야 한다고 믿는다. 특히 아이들이 좋아하는 과자, 팝콘, 도넛, 케이크, 튀김 등에 많은 트랜스지방은 혈전으로 인한 염증을 억제하는 좋은 콜레스테롤은 줄이고, 심혈관이나 뇌혈관 질환의 위험을 높이는 나쁜 콜레스테롤은 증가시키는 것에 주목해야 한다.

심장마비나 뇌졸중의 위험을 높이는 LDL을 증가시키고, 혈전으로 인한 염증을 억제하는 HDL은 감소시키는 주범은 한우고기 마블링 같은 진짜 지방이 아닌 식물성 지방으로 만드는 가짜 지방들이다.

 각주

1)1953년 미국의 생리학자 안셀 키즈(Ancel Keys) 박사는 '아테롬성 동맥경화증, 현대인들의 건강을 위협하다'라는 제목으로 논문을 발표하면서 포화지방에 대한 최초의 과학적 경고를 하였다. 그는 미국의 전체 사망률은 감소하고 있는 반면, 심장질환으로 인한 사망률은 꾸준히 증가하고 있다는 사실을 이 논문에서 밝혔다. 하지만 수많은 과학자들이 키즈 박사의 주장에 회의적이었다. 키즈 박사가 지방 섭취와 심장질환으로 인한 사망률 사이의 상관관계만 진술했을 뿐, 명확한 원인관계에 대해서는 증명하지 않았기 때문이었다. 그러나 키즈 박사의 논문에 확실한 결점이 있었음에도 불구하고, 지방을 많이 섭취할수록 심장질환으로 인한 사망률도 높아진다는 가설은 여전히 강조되었고, 미국심장협회(American Heart Association)와 미디어에 의해 홍보되었다. 그리고 1977년에 미국의회는 '저지방 다이어트'를 전국민에게 권장하기 위해 정부 정책으로 수립하였다. 이 저지방 다이어트 권장 정책은 지방을 많이 섭취하면 심장질환 사망률이 높다진다는 가설을 지지하는 헬스 전문가들의 의견에 기본적인 바탕을 두고 제정되었으나, 동시에 아메리칸 메디컬 어소시에이션을 포함한 많은 과학자 커뮤니티로부터는 심각한 비판을 받았다.

22. 한우고기의 마블링은 혈관건강에 무죄

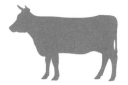

I LOVE HANWOO BEEF

채식주의자들은 한우고기 마블링처럼 포화지방의 비율이 높은 동물성 지방을 먹으면 동맥경화나 심근경색 같은 심혈관계 질환에 걸린다고 말한다. 그러니까 동물성 지방 중에서도 포화지방의 비율이 높은 한우고기 같은 육류를 섭취하면 심혈관계 질병에 걸리게 되므로 콜레스테롤이 전혀 없는 식물성 지방의 채식을 해야 한다는 말이다. 그러나 모든 채식주의자가 믿고 있고 또 상식으로 알려져 있는 지식, 즉 포화지방의 비율이 높은 동물성 지방은 혈관내벽에 침착하여 각종 심혈관계 질환의 원인이 된다는 것은 아직도 논란이 많은 가설에 불과하다. 더구나 최근에는 오히려 포화지방이 혈관건강에 좋다는 연구결과들도 많이 발표되고 있는 상황이다.

육류의 섭취가 과도해서 비만한 미국인들의 사망원인 1위인 심혈관계 질환의 근간에는 고혈압이 존재하고 있다. 고혈압은 '침묵의 살인자(silent killer)'라는 별명처럼 치명적이고 완치가 힘들다. 고혈압의 치료가 어려운 것은 유전적 요인과 환경적 요인의 복합적인 영향을 받기 때문이다. 특히 환경적 요인 중 식생활이 고혈압과 가장 밀접한 관련이 있다. 따라서 고혈압에 걸리면 식사요법, 운동요법, 약물요법을 적절히 활용해 가면서 평생 잘 다스리며 사는 것이 현명한 차선책이다.

그런데 채식주의자들의 주장과 달리 채식의 식단은 고혈압을 쉽게 부른다. 식물성 식품 특유의 쓴맛 때문에 조리시 소금의 사용량이 많아지기 때문이다. 따라서 한우고기의 단백질 같은 양질의 단백질 섭취가 적고, 소금이 많이 들어가는 식물성 반찬들을 통해 염분이 과다하게 섭취되면 고혈압이나 뇌졸중에 걸리기 쉽다. 염분의 과다섭취, 엄밀히 말해서 나트륨의 과다섭취는 혈관의 유연성을 잃게 만들며 혈관

의 내경을 좁게 만든다.

현재 채식을 너무나 잘하고 있는 우리나라 국민의 하루 평균 소금 섭취량은 12.5g(나트륨 5g)이 넘는다. 전문가들은 고혈압을 예방하기 위해서는 나트륨 섭취량을 2g으로 줄여야 한다고 말한다. 이것을 소금으로 환산하면 하루 권장 섭취량이 5g이다. 그런데 한우고기는 미각적으로도 우수하기 때문에 조리할 때 소금의 사용량을 줄이게 한다. 하루 소금 섭취량을 절반으로 줄이면 수축기 혈압이 평균 4~6mmHg 낮아지는 것으로 알려져 있다. 게다가 한우고기가 가지고 있는 양질의 단백질은 체내에 잔류하는 나트륨을 배출하게 만든다.

그러므로 한우고기의 단백질은 분명히 고혈압 예방에 효과가 좋다. 그렇다고 한우고기의 지방이나 콜레스테롤이 혈관건강에 나쁜 영향을 미친다는 소리는 아니다. 동물성 지방과 높은 콜레스테롤 수치가 뇌졸중을 포함한 심혈관계 질환의 원인이라고 생각하는 것은 비만한 미국식 사고방식이다. 육류섭취량이 미국의 1/3도 안 되는 우리나라의 뇌졸중은 미국과 상이한 원인에 기인하여 발생한다. 즉, 염분을 과다하게 섭취하는 대신 단백질과 지방은 적게 섭취하는, 그래서 오히려 콜레스테롤 수치가 낮은 지역에서 뇌졸중의 발생률이 높다. 일본의 경우도 1965년도까지 뇌졸중에 의한 사망률이 세계 1위였으나, 식생활의 개선으로 육류의 섭취량이 증가하면서 뇌졸중이 급속하게 감소하였다.

뇌졸중의 발생 양상도 다르다. 일반적으로 뇌졸중은 뇌의 혈관이 찢어져 출혈을 하는 뇌출혈과 혈관이 막히는 뇌경색으로 나눌 수 있는

데, 우리나라의 노인들의 경우는 고혈압에서 뇌의 모세혈관 벽에 괴사가 일어나서 출혈을 일으키는 뇌출혈이 많다. 또한 뇌경색도 고혈압에 의하여 뇌동맥 내에 괴사가 일어나고 혈전이 생겨 혈관을 막는 '동맥괴사형'이 대부분이다. 미국이나 유럽의 뇌졸중은 영양과다와 고혈압이 원인이지만, 한국 노인들의 경우는 영양부족과 고혈압이 원인이라는 말이다. 즉, 양질의 단백질이나 지방을 가진 한우고기 같은 식품의 섭취부족, 여기에 밥과 된장국, 소금에 절인 김치나 나물반찬 등에서 오는 염분의 과다섭취가 뇌졸중의 원인이라는 소리다.

혈관은 신체를 구성하는 각종 장기는 물론 온몸의 구석구석까지 산소나 영양물질을 운반하기 때문에, 지나치게 물렁물렁하거나 굳어 있거나 상처가 있어서는 안 된다. 특히 노인들의 경우 혈관의 상태가 무병장수의 척도가 되는데, 혈관에 병변(炳變)이 생기면 가장 손상을 받는 것이 뇌와 심장이다. 뇌의 혈관이 막히거나 파괴되면 뇌졸중이 되고, 심장에 영양과 산소를 공급하는 관상동맥이 막히면 심근경색이 된다.

심근경색은 체내 지방의 산화가 밀접하게 관련이 있는데, 지방을 산화시키는 주역은 활성산소이다. 활성산소에 공격을 받은 지방은 산화되어 관상동맥의 벽에 죽상종으로 고이게 되고, 죽상종에서 혈액이 흘러나오거나 또는 죽상종이 충격을 받아 터지면 혈전이 되어 관상동맥을 막히게 만든다. 이 혈전은 혈관에서 흘러나오면 혈류에 실려 뇌까지 흘러들어가 뇌의 동맥을 굳어지게 만들기도 한다. 그런데 체내 지방이 산화하는 확률은 지방함량이 많을수록, 즉 섭취되는 지방의 양이 많을수록 높아진다. 그리고 화학적으로 불안정한 다가불포화지방일수록 산화되기 쉽다.

따라서 체내 지방이 활성산소에 의해 산화가 일어나 혈관내벽에 죽상종을 만들지 않기 위해서는 두 가지가 중요하다.

첫째, 섭취하는 총 지방의 양이 과도하지 않아야 한다. 한우고기의 지방처럼 비교적 산화에 안정한 포화지방이든 식물성 지방처럼 산화에 불안정한 다가불포화지방이든 상관없다. 지방은 무조건 과하게 섭취하면 안 된다. 채식주의자들은 올리브기름 같은 식물성 지방이 좋다고 하지만, 지방은 종류에 상관없이 과도하게 섭취되면 모두 안 좋다. 오히려 식물성 지방은 포화도가 낮아 산화되기 쉽기 때문에 혈관벽에 죽상종을 만들기 쉽다.

둘째, 체내에서 지방이 쉽게 산화되지 못하도록 항산화 효과가 있는 음식을 같이 섭취하는 것이 좋다. 그런 점에서 우리가 한우고기를 먹을 때 항상 항산화 효과가 있는 야채와 함께 먹는 것은 매우 좋은 식습관이다. 지방을 많이 섭취해도 항산화 식품과 함께 섭취하면 혈관 건강을 지킬 수 있다. 예를 들어 영국과 프랑스는 지방의 섭취량이 비슷하나 프랑스 사람들이 적포도주를 즐겨 마시는 이유로 심근경색의 발병률이 훨씬 낮다는 소위 '프렌치패러독스(French paradox)'는 매우 유명하다. 적포도주에는 항산화 효과가 높은 폴리페놀이 많이 들어 있기 때문이다.

필로는 한우고기의 마블링 같은 동물성 지방이든 참기름 같은 식물성 지방이든 적당량을 즐겁게 먹어야 혈관도 건강하게 유지될 수 있

다고 생각한다. 정말 우리의 혈관건강을 해치는 것은 한우고기의 마블
링이나 식물성 기름이 아니라 나쁜 식습관이라고 믿기 때문이다. 예를
들어 채식위주로 섭취하는 탄수화물도 과다하면 비만이 되고 중성지
방의 수치가 증가한다. 에너지로 사용되고 남은 탄수화물은 지방으로
전환되어 체내에 축적되기 때문이다. 사람은 실제 필요한 칼로리 양보
다 지속적으로 더 많이 먹으면 체중이 늘어나게끔 되어 있고, 각종 심
혈관 질환이 발생할 위험도 높아진다. 즉, 먹는 것이 한우고기 마블링
이냐, 식물성 지방이냐, 아니면 탄수화물이냐가 혈관건강에 중요한 것
이 아니라는 소리다. 과식, 폭식, 편식 같은 나쁜 식습관이 훨씬 더 혈
관건강을 해친다는 말이다.

한편, 육류섭취량이 한국과 비교할 수 없을 정도로 높은 미국에서는
하루에 섭취하는 열량의 30% 이하를 지방에서 얻자는 캠페인이 수십

년째 진행 중이다. 미국인들은 하루에 섭취하는 열량의 40% 이상을 지방에서 얻기 때문이다. 그만큼 지방의 섭취가 많다는 소리다. 이에 비해 한국인은 아직도 전체 열량의 20% 안팎을 지방을 통해 얻고 있을 뿐이다. 특히 우리나라 중장년층 이상의 평균 지방 섭취율은 14% 미만이다. 그만큼 지방의 섭취가 부족하다는 소리다. 그런데 문제는 한국인들의 혈중 지방 함량이 미국인을 앞선다는 것이다. 이 아이러니컬한 질문의 답은 중성지방에 있다. 중성지방의 경우 미국인의 평균치가 혈액 1dl당 70mg 내외인데 반해 한국인은 120mg에 달하는 것이다.

고기를 많이 먹지도 않는 한국인의 중성지방 수치가 이렇게 높은 이유는 인스턴트식품과 튀긴 음식의 섭취에 있다. 여기에 덧붙여 탄수화물이 풍부한 식품과 술(알코올)을 많이 마시는 것도 높은 중성지방 수치의 원인이다. 탄수화물이나 알코올을 섭취하면 체내에서 중성지방을 생성하는 효소가 증가하기 때문이다. 우리나라 사람들의 에너지 공급원 1위는 1인당 하루 평균 2.2공기를 먹는 쌀이고, 2위는 놀랍게도 라면이다. 소주는 하루 평균 한 잔 정도를 마셔 6위를 차지하고 있다. 이 모두가 중성지방 수치를 올리는 것에 기여한다. 전문가들은 한국인의 유전적 소인도 중성지방 수치를 높이는 데 관여하는 것으로 추정한다. 이 결과 우리나라 성인 세 명 중 한 명꼴로 중성지방 수치가 1dl당 150mg 이상이다. 세계보건기구(WHO)와 미국심장협회(AHA)가 정한 '요주의' 대상에 속하는 것이다.

중성지방 수치가 높으면 동맥경화의 위험이 높아진다. 중성지방이 혈관건강에 나쁜 LDL의 생성을 돕고, 좋은 HDL의 분해를 촉진하기 때문이다. 그래서 중성지방은 LDL을 '악당'에서 '악마'로 바꾼다고 말한다. 이런 이유로 중성지방 수치가 높으면 심장병이나 뇌졸중 등 혈관질환이 발생하지 않도록 조심해야 한다. 당뇨병 환자라면 더욱 세심한 주의가 필요하다. 당뇨병 환자 사망원인의 75%가 심근경색인데, 이 병을 일으키는 2대 위험 요소가 중성지방과 콜레스테롤이기 때문이다.

결론적으로 그 동안 우리나라 사람들이 들어왔던 살벌한 경고, 즉 마블링이 많은 한우고기를 먹으면 동맥경화나 심근경색 같은 심혈관계 질환에 걸릴 수 있다는 것은 지나친 우려이다. 그건 미국 사람들처럼 육류를 지나치게 많이 먹었을 때, 그래서 동물성 지방의 섭취가 과다했을 때나 적합한 말이다. 따라서 현재 한우고기를 1년에 4kg 밖에 먹지 않는 한국인들이 혈관건강에 한우고기의 마블링이 나쁠 것이라고 생각하는 것은 옳지 않은 편견이다. 한우고기의 마블링은 혈관질환에 관한 한 원초적으로 무죄다.

23. 동맥경화 예방을 견인하는 한우고기

I LOVE HANWOO BEEF

소고기를 많이 먹지 않는 우리나라에서 한우고기는 마블링으로 불리는 근내지방이 많을수록 등급이 좋은 것으로 평가하고 비싸게 팔린다. 마블링이 좋을수록 연하고 맛이 좋기 때문이다. 그러나 동물성 지방의 섭취가 과다해 비만이 만연한 미국의 영양학에 포로가 된 채식주의자들은 한우고기의 마블링에는 포화지방이 많기 때문에 많이 먹으면 혈중 콜레스테롤 수치를 높여 동맥경화 같은 혈관질환을 유발한다고 주장한다. 그러나 우리나라는 한우고기를 많이 먹고 있지 않을 뿐만 아니라 설령 지금보다 2배, 3배를 더 먹더라도 한우고기 마블링의 포화지방이 동맥경화를 유발하는 일은 벌어지지 않는다. 아니, 오히려 혈관건강을 더 좋게 만든다.

채식주의자들은 한우고기 마블링의 지방이 마치 100% 포화지방인 것처럼 호도하지만, 사실 한우고기의 지방은 불포화지방의 비율이 더 높거나 포화지방과 비슷하다. 반대로 식물성 지방에도 포화지방의 비율이 한우고기 지방보다 높은 것들도 많다. 과자, 라면, 초콜릿, 커피 등에 들어 있는 팜유나 코코넛유가 바로 그런 식물성 지방이다. 더구나 실제로 혈중 콜레스테롤과 중성지방의 수치를 높여 동맥경화를 유발하는데 결정적인 역할을 하는 트랜스지방은 식물성 지방에서 유래하는 불포화지방이며, 따라서 천연자연식품인 한우고기는 트랜스지방을 전혀 가지고 있지 않다.

트랜스지방은 액상인 식물성 지방을 고체로 경화시키는 과정에서 만들어지며, 쇼트닝과 마가린이 대표적인 트랜스지방 식품이다. 따라서 동맥경화를 예방한다는 차원에서 채식의 요리를 만들 때 쇼트닝과 마가린을 이용한다면 웃기는 일이 된다. 채식의 식단을 즐기는 사람들은 동물성 지방에 약간 높은 비율로 존재하는 포화지방보다 식물성 지방을 가공한 트랜스지방이 혈중 콜레스테롤 수치 상승에 2배 이상 나쁘다는 것을 알아야 한다. 게다가 트랜스지방은 당뇨병을 유발하는데도 탁월한 효과가 있다. 그래서 세계보건기구(WHO)는 하루에 섭취하는 전체 열량 중 트랜스지방으로부터는 1%를 넘지 말라고 권장하고 있다. 하루에 섭취하는 트랜스지방이 2.2g이 넘지 않아야 한다는 말이다.

우리나라 채식주의자들이 믿고 따르는 미국의 식품영양학의 연구결과들을 보면 최근 많은 새로운 변화가 일어나고 있음을 알 수 있다. 아마도 그런 결과들은 채식주의자들을 당황하게 만들거나 실망시키기에 충분할 것이다. 요즘 지방을 연구하는 과학자들의 지방산에 대한 평가가 달라지고 있기 때문이다. 특히 포화지방산 자체가 건강에 해롭지 않다는 주장들이 힘을 받고 있다. 또한 포화지방에 주홍글씨를 새긴 음모를 제기하는 주장에는 일리가 있어 보인다. 미국에서 지방산 연구의 최고 권위자로 꼽히는 매리 에닉 박사는 트랜스지방과 포화지방에 대해 다음과 같이 설명한다.

"트랜스지방산에 대한 의혹이 처음 제기됐을 때 일이에요. 미국 제유업계는 당황하기 시작했죠. 천금 같은 사업 기회를 송두리째 잃게

생겼으니까요. 그래서 애꿎은 동물성 지방을 걸고넘어진 겁니다. '나쁜 것은 동물성 포화지방'이라고 말이죠. 당시 생산되던 쇼트닝과 마가린은 모두 식물성 지방이거든요. 일부 학자도 적극 협조했습니다. 실험에 사용한 포화지방이 트랜스지방산에 오염된 인공 경화유였다는 사실이 훗날 밝혀졌으니까요. 그때 잘못된 상식이 깊이 뿌리를 박은 건데요, 안타깝게 아직까지도 이른바 전문가라는 사람이 포화지방은 무조건 나쁘다고 말하는 경우를 보게 됩니다."[1]

이 뿐만이 아니다. 미국의 과학자들은 포화지방 위에 진하게 새겨진 주홍글씨를 지울 수 있는 과학적인 증거들을 찾아냈다. 즉, 포화지방이 혈중 콜레스테롤 수치에 영향을 미치지 않는다는 연구결과들이 속속 보고된 것이다. 그런 연구결과들을 요약하면 이렇다. 포화지방산은 12가지 이상 존재하지만 고기의 포화지방 95%를 구성하고 있는 것은 스테아르산, 팔미트산 및 라우르산이다. 그런데 스테아르산은 우리 몸에 들어가면 불포화지방산인 올레산으로 전환되는 것이 밝혀졌다. 올레산이 많이 들어 있는 올리브기름이 혈관건강에 좋다는 것은 이미 잘 알려져 있는 사실이다. 따라서 현재 과학자들은 소고기의 주요 포화지방산 중 하나인 스테아르산은 혈관건강에 좋은 지방산으로 이해하고 있다.

또한 팔미트산과 라우르산도 체내 콜레스테롤 수치 상승과 무관한 것으로 밝혀졌다. 이 2가지 지방산이 혈관건강에 나쁜 LDL 수치를 상승시키는 것은 맞지만, 동시에 건강에 좋은 HDL도 수치를 동일하게 상승시킨다는 사실이다. 여기서 중요한 사실은 이렇게 LDL과 HDL의 수치를 동시에 상승시키는 것이 심혈관 질환에 걸릴 위험을 낮춘다는 점이다. 이것은 LDL은 동맥혈관에 붙어 있는 플라크가 떨어지는 역할을 하고 HDL은 떨어진 플라크를 제거하는 역할을 하기 때문이다. 결국 LDL과 HDL 수치가 동시에 상승하면 혈중의 좋은 콜레스테롤에 대한 나쁜 콜레스테롤의 비율은 감소하게 된다.

이런 연구결과들에 힘입어 미국의 식품영양학 과학자들 중에는 포화지방이 혈중 콜레스테롤 수치를 상승시켜 혈관질환을 유발시킨다는 것은 과학적인 근거가 부족하다고 생각하는 사람들이 많아지고 있다. 그런 과학자 중에 미국건강협회의 식습관 가이드라인 집필위원회의 회장직을 2번이나 역임한 크라우스 박사가 있다. 크라우스 박사는 아침식사를 고탄수화물 저지방 대신 고지방 저탄수화물로 바꾸는 것이 오히려 혈관건강을 위해 좋다고 주장한다. "미국인들이여! 미국의 전통적인 아침식사로 돌아가라!"라고 권고하는 그의 주장에 따르면, 아침에 동물성 지방을 섭취하는 것이 탄수화물을 섭취하는 것보다 혈관내벽에 콜레스테롤이 침착하는 것을 줄인다고 한다.[2]

일반적으로 LDL은 분자의 크기가 작고 조밀하여 분자의 표면이 끈끈하기 때문에 혈관내벽에 잘 달라붙는다. 그런데 LDL 콜레스테롤도 분자의 크기가 다양하여 일부 LDL 분자들은 크고 솜처럼 부풀어 있으며 나머지 분자들은 작고 조밀하다. 중요한 것은 분자가 크고 부풀어 있는 LDL의 비율이 높아지면 동맥경화의 발생확률이 낮아지고, 작고 조밀한 LDL 분자들의 비율이 높아지면 동맥경화의 발생위험도 커진다는 사실이다. 즉, 아침식사 메뉴를 식빵, 시리얼, 팬케이크 등에서 햄, 소시지, 베이컨, 계란 등으로 대체하면, 크기가 작고 조밀한 LDL 분자의 숫자가 감소한다는 말이다.

크라우스 박사의 주장은 아침식사로 밥과 국, 즉 고탄수화물 식사를 주로 하는 우리나라 사람들이 새겨들어도 좋을 듯하다. 그렇다고 필로가 우리도 아침부터 한우고기를 구워먹자는 말이 아니다. 괜히 한우고기의 마블링에 있는 포화지방이 걱정되어서 한우고기 먹는 것을 꺼려하지 말자는 것이다. 그리고 아침식사 반찬 중에 한우고기로 만든 것이나 한우고기가 들어간 국을 먹는 것이 혈관건강을 위해 좋지 않겠냐는 말이다. 실제로 크라우스 박사는 탄수화물의 섭취를 줄이면 중성지방 같은 해로운 지방이 줄고 건강에 도움이 되는 지방이 늘어나는 등 혈중지방이 개선된다는 연구 결과도 보고했다.

미국의 식품영영학자들은 동맥경화가 아시아인에게 훨씬 적게 발병하는 점을 주목한다. 일본인들의 콜레스테롤 수치는 160~190mg으로 관상동맥 질환의 사망률도 낮은 반면, 미국인들의 콜레스테롤 수치는 보통 220~250mg으로 사망률도 8~10배나 높기 때문이다. 미국인들이 섭취하는 음식에는 15~22%의 포화지방이 포함되어 있는 반면, 일본은 10%를 넘지 않았다고 한다. 이는 일본과 유사한 식생활을 하고 있는 우리나라에도 암시하는 바가 큰데, 우리나라 국민의 평균 콜레스테롤 수치는 약 185mg/dl 정도로 이웃 일본과 비슷하며 포화지방을 포함한 총지방의 섭취율이 약 20%이다. 참고로 미국의 총지방 섭취율은 약 40% 이상이다.

그러므로 우리나라 채식주의자들은 더 이상 한우고기 마블링의 포화지방을 혈중 콜레스테롤 상승이나 동맥경화와 같은 혈관질환과 관련 있다고 말하면 안 된다. 육류의 섭취량과 동물성 지방의 과다섭취로 각종 문제가 많은 미국에서조차 포화지방이 혈중 콜레스테롤 수치를 높여 동맥경화나 심근경색 같은 심혈관계 질환의 원인이 된다는 것을 부정하는 목소리가 높기 때문이다. 우리나라는 총 육류소비량도 미국과 비교가 되지 않게 작고, 특히 한우고기의 섭취는 비교 자체가 의미 없을 정도로 미약하다. 게다가 우리는 식물성 지방까지 합쳐도 총지방의 섭취가 미국의 절반도 되지 않는다.

그럼에도 불구하고 우리나라 사람이 군이 포화지방의 과다섭취를 문제삼으려고 한다면, 한우고기가 아니라 다른 식품들의 지방을 문제삼아야 한다. 특히 혈관건강과 관련해서 근래에 섭취량이 급격히 늘어난 과자, 케이크, 빵, 도넛, 라면, 튀김, 팝콘 등과 같은 식품들을 주목해야 한다. 이런 식품들에는 포화지방보다 더 혈관건강에 치명적이라는 트랜스지방도 많이 들어 있기 때문이다. 따라서 역설적으로 말하자면 이런 식품들의 섭취로 망가지는 혈관건강을 한우고기 대체 섭취로 지켜내야 한다. 천연자연식품인 한우고기의 지방이 가공식품이나 패스트푸드에 들어 있는 저질의 포화지방이나 트랜스지방의 섭취로 인한 동맥경화와 같은 혈관질환의 예방을 견인할 수 있기 때문이다.

 각주

I LOVE HANWOO BEEF

1) 안병수. 과자, 내 아이를 해치는 달콤한 유혹(2005년, 국일미디어). 이 책에서 저자는 포화지방에는 두 가지가 있다고 말한다. 즉, 자연의 포화지방과 인공의 포화지방이 있는데, 자연의 포화지방은 신선한 것이라면 해롭지 않다. 그러나 인공의 포화지방은 트랜스지방산이 있건 없건 해롭다. 그것이 지방산 상식의 가장 새로운 버전이다. 즉, 한우고기와 같은 자연식품에 존재하는 포화지방은 해롭지 않다는 것이다.

2) 포화지방은 '심장의 적'이 아니다(2010년 2월 5일, KorMedi뉴스, 디시뉴스 등). 미국 캘리포니아주 오클랜드 아동병원 연구소의 로날드 M 크라우스 박사팀은 성인 34만8000명의 의료기록과 관련된 포화지방과 심장병 발병에 관한 연구 21건을 분석했으나, 포화지방이 심장병과 직접 연관돼 있다는 아무런 증거도 발견하지 못했다. 이전의 다른 연구들은 이른 바 붉은색 가공육과 포화지방이 주류를 이루는 서양식단과 당분, 탄수화물이 심장병 발병률을 높인다고 지적해왔다. 이 때문에 미국심장협회는 하루 2000칼로리를 소비할 경우 포화지방 섭취는 16그램을 넘지 않도록 제한해왔다. 콜로라도 의대 로버트 액켈 박사는 "이번 연구결과를 확대해석해선 안 된다"면서 "다만 누구도 포화지방을 먹으면 몸에 해롭다고 말할 수는 없고, 사람들은 자기가 먹고 싶은 것을 먹을 수 있다는 뜻"이라고 말했다. 이 연구 결과는 미국임상영양저널(American Journal of Clinical Nutrition)에 발표됐으며, 건강 사이트인 칼로리카운터뉴스와 인디애나 뉴스센터 온라인 판에 보도됐다.

24. 한국인에겐
고혈압보다 당뇨가 문제
I LOVE HANWOO BEEF

요즘 우리나라 식단을 보면 필로는 슬프다. 비만한 미국의 영양학이 채식공화국 대한민국의 식단을 더욱 채식위주로 몰아붙이고 있기 때문이다. 탄수화물로 가득한 식단이 웰빙식이라는 인식이 팽배해진 우리 사회는 지방을 함유한 식품, 특히 동물성 지방을 함유한 식품은 건강의 적으로 취급하고 있다. 건강을 걱정하는 사람들은 각종 현대 성인병을 유발하는 비만과 고혈압의 배후세력으로 지방, 특히 동물성 지방을 지목한다. 그래서 안타깝게도 21세기 대한민국에서는 마블링이 많은 한우고기는 많이 먹으면 건강에 나쁜 것처럼 호도되고 있다.

필로는 한국인은 비만한 미국사람들이 지방 위에 진하게 써놓은 주홍글씨를 지워야 한다고 믿는다. 아니, 반대로 채식국가 대한민국은 과다한 탄수화물의 섭취에 족쇄를 채워야 한다고 생각한다. 지나친 채식, 특히 곡물 위주의 식사는 고혈압뿐만 아니라 고혈압보다 무서운

당뇨병을 유발할 수 있기 때문이다. 곡물에 기초한 식단은 전분과 당이 너무 많이 들어가 있다. 그래서 장에 과부하가 걸릴 수밖에 없는데, 소장은 채 소화시키지 못한 전분과 당을 대장으로 넘긴다. 이렇게 되면 대장에는 정상적이던 박테리아 수가 급격히 증가하게 된다. 그리고 과도하게 생산된 발효물들은 다시 소장으로 넘어와 염증반응을 일으키고 소화흡수 기능을 방해한다.

채식주의자들은 원래 인간은 육식동물이 아니었다고 말한다. 아마도 채식을 전도하기 위해서는 원래 인간이 육식을 하지 않은 동물이어야만 설득력이 있기 때문일지도 모른다. 그러나 안타깝게도 수많은 선사시대 유적들은 인간이 수렵과 채집으로 먹거리를 획득하였다는 증거를 우리에게 보여주고 있다. 인간은 처음부터 고기를 먹었던 것이다. 그래서 인간과 몸집이 비슷한 다른 영장류들과 비교해 보면, 인간의 뇌는 2배 정도 큰 반면 소화기관은 60% 정도 짧다. 고기와 과실처럼 영양가가 농축된 음식들을 먹었기 때문에 그에 맞는 뇌와 소화기관을 가진 것이다.

우리 인간은 소나 양처럼 반추위를 가지고 있지 않을 뿐만 아니라 소화기관도 턱없이 짧다. 또 원숭이나 고릴라처럼 모든 탄수화물의 섬유소들을 발효해서 소화시킬 수 있는 박테리아를 가지고 있지도 않다. 그러나 농경사회로 들어오면서 인간은 곡식을 먹기 시작하였고 곡식의 달콤함에 중독되었다. 그리고 그 전에는 없었던 '문명의 질병'이 등장했다. 당뇨병, 고혈압, 심장병, 중풍, 관절염, 정신분열증, 암 등과 같은 질병들은 고기와 과실이 주식이었던 수렵과 채집의 시대에는 없었던 질병들이다.

이러한 현대 성인병들은 특히 산업사회로 들어오면서 더욱 극심해졌다. 산업화는 곡물을 생산하는 농업도 급속히 발전시켰으며, 이에 따라 우리의 식단에도 엄청난 변화가 몰려왔다. 밀가루, 설탕, 식용유 등은 불과 얼마 전까지는 존재하지도 않았던 식재료들이었지만 지금 우리의 식탁을 완전히 점령하고 있다. 그리고 우리는 키가 크고 건강했던 우리 조상들은 한 번도 먹어보지 못했던 곡채식 위주의 식사를 하고 있고, 그 결과 우리의 몸은 세포들이 비정상적으로 웃자라고 각종 퇴행성 질병에 시달리고 있다.

우리나라는 특히 고려시대에 불교가 국교가 된 이래 육식을 금하고 곡채식 위주의 식사가 주를 이루게 되었다. 본격적인 농경사회가 되면서 다양한 영양성분이 골고루 들어 있던 식단이 당과 전분이라는 단일 영양식으로 대체된 것이다. 이것은 정말 불행한 과거다. 곡물 위주의 식생활은 우리 조상들의 키와 체격을 작아지게 만들었을 뿐만 아니라 몸을 약하게 만들었기 때문이다. 고기에는 단백질과 미네랄, 그리고 그 단백질과 미네랄의 대사작용에 필수적인 지방이 들어 있다. 하지만 곡물은 기본적으로 탄수화물이다. 비록 단백질이 들어 있기는 해도 대부분 필수아미노산이 부족한 질이 낮은 것들이다. 그마저 소화하기 힘든 섬유소에 쌓여 있다. 그러니 우리 조상들이 곡채식으로 식생활을 전환하면서 키와 체격이 작아진 것은 당연한 결과로 보인다.

단백질과 지방은 필수아미노산과 필수지방산이라는 것이 있다. 우리 몸에서 스스로 합성하지 못하기 때문에 외부의 식품을 통해 필수적으로 섭취해야 되는 영양소이기 때문에 붙여진 이름이다. 그런데 탄수화물에는 필수라는 말이 없다. 우리 몸에서 합성되지 않아 외부로부터 필수적으로 섭취해야 되는 '필수탄수화물'은 없는 것이다. 건강을 위해 우리가 꼭 필수적으로 섭취해야 하는 탄수화물이란 존재하지 않는다는 말이다. 그러나 채식주의자들은 우리 몸은 포도당을 필요로 하기 때문에 탄수화물을 필수적으로 먹어야 한다고 말한다. 이것은 사실이 아니다.

우리 몸의 모든 세포들은 필요한 당을 스스로 합성해낼 수 있다. 포도당을 주요 에너지로 사용하는 뇌세포도 마찬가지다. 뇌는 일정한 양의 포도당을 공급받아야 하기 때문에 늘 일정한 양의 포도당을 생성해낸다. 만약 그 양이 너무 많거나 너무 적으면 생물학적으로 문제가 발생하여 혼수상태에 빠질 수 있으며, 심하면 죽음에 이르기도 한다. 문제는 탄수화물이 가득한 곡채식의 식단으로 일관하면 포도당의 공급이 너무 많아졌다가 적어졌다가 하는 불규칙한 행태를 유발하여 혈관건강에 손상이 이루어진다는 사실이다. 인슐린의 분비를 과다하게 또 부족하게 만들기 때문이다.

인슐린 과다로 인한 혈관관련 질병은 고지혈증, 혈전, 고혈압, 심장병 등이고, 이와 연관된 질병들은 당뇨병, 암, 비만, 수면 무호흡증, 소화성 위궤양, 다낭성 난소 증후군 등이 있다. 이 모든 질병은 채식주의자들이 육식을 하면 동물성 지방이 원인이 되어 발생한다는 질병들로, 우리의 식단이 서구식으로 변하면서 나타난 것으로 알려지고 있다. 그러나 서구식 식단의 진실은 육식에 있는 것이 아니고 가공된 탄수화물식품들에 있다. 채식주의자들도 가공된 탄수화물식품들의 문제를 잘 알고 있기 때문에 자연채식을 권한다. 소위 가공된 단순당으로 섭취하는 것보다 곡물의 껍질을 벗기지 않는 복합 탄수화물 형태의 섭취가 건강에 좋다는 것이다.

그러나 복합이든 단순이든 모든 탄수화물은 당일뿐이다. 단지 당 분자가 하나냐 아니면 여러 개냐의 차이밖에 없다. 포도당은 분자가 하나인 단순당이고, 설탕이라고 부르는 수크로스는 분자 2개가 연결된 이당류다. 삼당류도 있고 사당류도 있는데, 이런 것들은 다당류라고 부른다. 쌀, 밀가루, 콩, 감자 등이 모두 다당류다. 그런데 우리 몸은 다당류를 소화시키지 못한다. 분자량이 너무 크기 때문이다. 따라서 어떤 탄수화물이든 모두 단당류로 분해하여 단순당으로 만든 후 흡수한다. 즉, 우리가 어떤 탄수화물을 먹든 모두 단당류가 되어 흡수되고 혈액으로 흘러들어가는 것이다.

그러므로 현재 채식의 열풍이 불고 있는 우리나라의 식단은 잠재적으로 혈당을 높일 수 있는 더없이 좋은 식단이다. 혈당이 높아지면 췌장이 자극을 받아 인슐린을 분비하고, 과다하게 분비되는 인슐린은 만병의 원인이 되는 당뇨병을 불러온다. 따라서 해결책은 단지 하나다. 원래 우리 몸의 구조와 기능에 맞는 식단으로 돌아가는 것, 그 이외의 방법은 없다. 가공된 탄수화물의 식단에서 벗어나야 한다. 아니, 가공되지 않더라도 탄수화물 위주의 식단에서 벗어나야 한다. 고려시대 이전의 식단으로 돌아가야 한다. 수렵과 채집의 식생활을 즐겼던 고조선의 식단으로 돌아가야 한다는 말이다.

마블링이 좋은 한우고기가 불판에서 지글지글 익을 때는 입 안 가득 침이 고인다. 그렇다고 우리는 한우고기를 먹을 때 오로지 한우고기만 먹지는 않는다. 항상 습관처럼 상추나 깻잎에 싸서 먹는다. 마늘이나 고추를 된장에 찍어 같이 먹기도 한다. 집에서 한우고기를 이용하여 요리를 만들 때도 버섯이나 감자 또는 당근과 같은 야채와 함께 만든다. 서양식 레스토랑에서 스테이크를 먹을 때도 삶은 브로콜리나, 으깬 감자, 살짝 데친 당근 또는 푸른 야채샐러드 등을 같이 먹는다. 한우의 우둔이나 사태로 장조림과 같은 고기반찬을 만들 때도 고추나 통마늘이 들어가고, 하다못해 불고기를 만들 때도 각종 야채를 넣고 조리한다. 한우고기를 먹는 우리의 육식문화는 너무나 건강지향적인 잡식의 문화다. 바로 고조선의 식단인 것이다.

우리는 한우고기를 항상 색깔이 있는 야채나 곡물 등과 함께 요리를 해서 먹는다. 색이 좋은 식재료와 함께 조리된 한우고기 요리는 맛있게 보여 식욕을 자아낼 뿐만 아니라 몸이 요구하는 영양성분들이 골고루 들어 있어 건강에도 매우 좋기 때문이다.

야채는 한우고기에는 부족한 비타민 C나 칼륨과 같은 미네랄, 그리고 섬유질이 풍부하기 때문에 한우고기와 함께 섭취하는 것이 영양학적으로 바람직하다. 특히 야채에 있는 지용성 비타민인 비타민 E는 동물성 지방이 있어야 흡수와 이용이 효율적으로 이루어진다. 따라서 풍부한 마블링과 함께 양질의 단백질이 충분한 한우고기야말로 야채 속에 들어 있는 비타민 E를 효율적으로 이용할 수 있는 최고의 식품이라고 할 수 있다.

필로는 채식위주의 탄수화물이 가득한 우리나라 식단에 영양의 균형을 맞추기 위해서라도 한우고기를 꼭 먹어야 한다고 믿는다. 물론 다른 육류나 해산물도 필요하다. 그런데 우리나라 채식주의자들은 한우고기에 있는 양질의 지방과 단백질도 많이 먹으면 고혈압과 비만이 되어 혈관질환에 걸리게 된다고 위협한다. 많이 먹으면 그렇다는 것이다. 미국 사람처럼 고기를 1년에 120kg 정도 먹으면 그렇게 된다는 말이다. 그런데 우리는 한우고기를 1년에 겨우 4kg 정도 먹고 있다.

채식주의자들은 우리가 진짜 걱정해야 될 것은 가공된 가짜 지방과 가짜 단백질이라는 것을 제대로 알아야 한다. 버터 대신 카놀라유로 만든 마가린을 먹고, 한우고기 대신 콩으로 만든 인조고기를 먹으면서 고혈압이 예방될 것이라고 믿는다면 큰 오산이다. 그런 가짜 지방이나 가짜 단백질 그리고 가공된 탄수화물은 고혈압을 예방하지 못한다. 오히려 고혈압의 원인을 제공하는 당뇨를 부를 뿐이다. 채식공화국 대한민국이 걱정해야 할 것은 바로 탄수화물의 과도한 섭취에 기인한 당뇨라는 사실을 그들은 명심해야 한다.

25. 곡채식의 위험을 구원하는 한우고기

I LOVE HANWOO BEEF

영양의 과잉 공급 시대에서 채식, 엄밀히 말해 곡채식이 건강에 좋다고 알려져 있지만 사실은 이와 정반대다. 육류소비량이 지나치게 많아 동물성 지방이 건강의 적으로 낙인이 찍혀 있는 미국에서는 동물성 지방의 섭취를 제한하는 채식이 건강을 위해 권장될 만하다. 하지만 쌀이 주식이고 소금에 절인 채소가 반찬의 대부분을 이루고 있는 대한민국에서는 고기가 완전히 배제된 곡채식이 건강식이라고 하기에는 어딘가 많이 부적절하다. 고기도 미국 사람들처럼 지속적으로 많이 먹으면 건강에 좋지 않지만 곡채식도 마찬가지기 때문이다.

고기를 먹지 않고 곡채식을 장기간 먹을 경우 과다한 탄수화물(당)의 섭취가 지속적으로 이루어지는 것이 문제가 된다. 그러면 혈중 당의 농도가 높아지고 이를 처리하기 위해 다량의 인슐린이 분비되기 때문이다. 이렇게 혈중 당의 농도가 높아지는 것을 조절하는 인슐린의

분비가 습관적이고 반복적으로 이루어지다보면 당뇨라는 건강에 치명적인 문제가 야기된다. 실제로 현재 당뇨병, 고혈압, 심장병과 같은 현대 성인병들은 대부분 곡물과 당을 소화하는 과정에서 높아진 인슐린이 직접적으로 영향을 끼치는 질병들이다. 즉, 건강에 좋다고 알려져 있는 곡채식의 식단이 이런 현대 성인병을 부르는 죽음의 사자가 될 수 있는 것이다.

필로는 현재 우리나라 국민들이 비교적 좋은 식단을 유지하고 있다고 생각한다. 우리나라 정부가 권장하는 한국인의 이상적인 섭취 에너지 비율은 탄수화물 65%, 단백질 15%, 지방 20%이다. 그런데 식사의 65%를 탄수화물로 섭취하면 우리 몸 안에서는 두 컵 분량에 해당하는 포도당이 분해되어 나온다. 따라서 이 많은 포도당이 모두 우리의 혈액 속으로 들어왔을 때, 인체가 이 많은 당을 재빨리 처리하지 못하면 큰 일이 벌어진다. 만약 우리 몸이 이렇게 많은 당을 제때 처리하지 못하면 혼수상태에 빠지거나 심하면 사망하게 된다. 하지만 정상적인 신체에서는 혈액 내에서 당을 일정 수준으로 제어할 수 있는 체계가 있기 때문에 큰 문제가 없다.

그러나 탄수화물의 섭취가 지나치게 과도하여 더 많은 당이 계속 혈액 속으로 흡수된다면 문제는 전혀 다른 양상으로 전개된다. 우리 몸은 혈액 내 당의 수준이 높아지면 췌장이 자극을 받아 인슐린을 분비한다. 인슐린은 영양을 저장하는 기능을 담당하는 호르몬으로 혈액 속에 남아도는 당, 아미노산, 지방 등을 세포로 보내는 일을 한다. 사실 아미노산이나 지방도 혈액 내에 일정 수준 이상 많이 존재하면 위험하다. 하지만 당은 혈액 내 수준이 높아지면 바로 심각한 문제를 야기하기 때문에 가장 위험하다. 이런 이유로 인슐린의 우선적인 임무는 혈당량을 위험 수준 아래로 유지하는 것이 된다.

혈액 내에서 인슐린이 임무를 제대로 수행하기 위해서는 먼저 인슐린 수용체와 결합해야 한다. 인슐린 수용체는 혈액에서 당을 제거하는 세포의 표면에 있는 단백질로, 이 수용체가 인슐린과 결합해야 혈액 속에 있는 당이 세포로 옮겨질 수 있다. 이렇게 세포로 옮겨진 당은 즉

시 사용되거나 나중을 위해 저장된다. 그런데 인슐린 수용체는 제대로 작동하지만 췌장에서 인슐린이 제대로 만들어지지 않는 사람들도 있다. 이런 사람들을 소위 '제1형 당뇨병' 환자라고 부르는데, 이런 환자들은 혈당량을 줄이기 위해 인슐린 주사를 꼭 따로 맞아야 한다.

한편 지속적인 곡채식으로 과도한 탄수화물의 섭취가 장기간 이루어지면, 즉 혈액 속의 포도당 양이 급격히 증가하고 이를 처리하기 위해 많은 인슐린이 분비되는 것이 반복되다 보면, 계속 공급되는 막대한 인슐린 때문에 수용체의 능력이 저하될 수 있다. 그럼에도 불구하고 치솟는 혈당 수치는 계속 낮춰야 하고, 그것도 신속히 낮춰야 하기 때문에 췌장은 점점 더 많은 양의 인슐린을 배출한다. 이런 기작은 단기적으로는 수용체들을 작동하게 만들기는 하지만 장기적으로 봤을 때는 상황을 점차 악화시키는 결과를 초래한다. 즉, 장기적으로 저혈당증을 유발해 소위 '제2형 당뇨병'으로 발전하게 된다.

저혈당증이 나타나면 손이 떨리면서 온몸에서 땀이 난다. 이것은 혈액으로 투여된 과량의 인슐린이 수용체와 모두 결합한 결과, 역으로 혈당 수치가 지나치게 낮아져서 발생하는 현상이다. 높은 혈당 수치로 인슐린이 과다 분비되고, 인슐린의 과다 분비로 혈당 수치가 너무 낮아지는 악순환이 저혈당증을 유발한다. 이 증상을 앓는 사람은 생물학적으로 혈당치를 높이는 것이 절박하게 느껴지기 때문에 떨리는 손으로 또 다른 당을 찾게 된다. 사탕이나 초콜릿처럼 달콤한 당을 먹으면 한두 시간은 괜찮지만 결국은 다시 혈당이 갑자기 뚝 떨어지고, 다시 같은 과정이 반복된다. 결국 이런 사람은 제2형 당뇨병 환자가 된다.

제2형 당뇨병 환자는 인슐린 수용체에 생긴 저항력으로 인해 췌장이 만들어낼 수 있는 양 이상의 인슐린이 필요하게 된다. 그리고 만성적으로 과다한 혈당은 신경, 혈관, 망막, 심장 등 우리 신체를 하나하나 파괴해 나간다. 이 치명적인 당뇨병은 기본적으로 고탄수화물의 식사, 즉 곡채식 식단으로부터 시작된 현대문명의 산물이라고 할 수 있다. 그리고 현대 의학이 울트라 슈퍼 첨단으로 많이 발달했지만 당뇨병 환자의 수는 줄지 않고 있으며, 당뇨병에 걸리면 수명도 심하게는 1/3까지 단축된다.

곡채식으로부터 출발한 인슐린의 재앙은 당뇨에서 그치지 않는다. 인슐린은 혈당 이외에도 다른 기초적 생명 기능을 관장하기 때문에 과도한 인슐린은 몸 전체에 여러 가지 악영향을 끼친다. 그 대표적인 것이 과도하게 분비되는 인슐린이 과량의 콜레스테롤을 만들어내고, 그 결과 고혈압을 유발하여 심혈관계 질환을 초래하는 것이다. 곡채식이 건강에 좋다고 주장하는 사람들은 저지방 고탄수화물 식단이 혈중 콜레스테롤 수치를 낮추지 못한다는 것을 알아야 한다. 인슐린이 콜레스테롤을 만들어내는 효소를 활성화시켜 콜레스테롤 합성을 촉진하기 때문이다.

우리 몸 안에 있는 콜레스테롤의 80%가 체내에서 합성되며 식사를 통해 얻어지는 콜레스테롤은 20% 남짓에 불과하다. 우리 몸은 모든 세포가 콜레스테롤을 필요로 하고 만들 수도 있다. 하지만 대부분의 콜레스테롤은 간에서 만들어지는데 인슐린이 많이 분비되면 지방과 콜레스테롤도 많이 만들어진다. 음식을 통해 들어온 에너지는 인슐린의 기능으로 세포들의 성장에 사용되거나 저장 과정을 거쳐 지방을 축적시킨다. 이 성장과 저장의 과정에서 인슐린은 성장호르몬 역할을 하고, 콜레스테롤은 모든 세포의 구조적 틀을 제시하는 중요한 역할을 담당한다.

 문제는 고기를 안 먹는 고탄수화물의 식사로 인슐린이 너무 많이 분비되면, 과량의 인슐린이 동맥벽을 이루고 있는 세포의 성장을 자극해 동맥벽을 두껍게 만들고 탄력성을 잃게 만드는 것이다. 그러면 동맥을 흐르는 혈액량이 줄어들고 혈압이 높아져 고혈압이 된다. 게다가 인슐린은 신장에 수분이 정체되도록 만들어 고혈압을 촉발시키는 역할도 한다. 만약 동맥벽이 두꺼워지고 탄력성을 잃으면, 동맥벽에는 퇴적물이 더 쉽게 쌓이고 동맥경련을 일으킬 확률도 높아지는데, 바로 이런 것이 심장병 등 심혈관계 질환의 중요 원인이 된다.

혈중 높은 농도의 인슐린은 혈중 LDL의 산화를 촉진하여 혈관벽 안쪽에 죽상종이 형성되는 것에도 크게 기여한다. 즉, 혈중 인슐린 수치가 높아지면 동맥 안쪽 벽에 섬유상 결합조직의 성장이 활발히 일어나 혈액 내 노폐물들이 쌓이기 좋은 환경을 조성한다. 여기에 인슐린이 지질단백질인 LDL의 단백질부분에 결합하여 산화를 촉진하고, 이렇게 손상된 LDL은 동맥벽에서 면역반응을 일으켜 염증을 유발하고, 비정상적인 콜레스테롤 조각들이 흡수되어 혈관벽에 죽상종을 형성한다.

지속적인 곡채식, 고탄수화물 식사, 과량의 당 섭취, 높은 혈당량, 인슐린의 과량 분비는 위의 기능도 자주 마비시킨다. 우리 몸에서 인슐린의 작용에 균형을 잡아주는 호르몬은 글루카곤이다. 글루카곤은 혈당이 갑자기 떨어져 문제가 생길 것 같으면 다시 혈당을 올리는 작용을 하여 인슐린의 분비를 조절한다. 그런데 글루카곤이 펼치는 이 활약에 사용되는 에너지는 아드레날린이나 코르티솔 등과 같은 호르몬의 도움을 받아 몸을 자극하여 세포에 저장되어 있던 것을 꺼낸 것이다. 문제는 아드레날린은 저장된 에너지를 꺼내 근육의 대사율을 높이는 데, 이때 효율을 높이기 위해 소화기관을 잠정적으로 폐쇄한다는 데 있다. 따라서 아드레날린이 분비되면 위산의 분비가 억제되는데, 이런 일이 자주 반복되다 보면 위산의 분비기능이 손상되고 위 마비증에 걸리게 된다.

보통 당뇨병 환자와 갑상선 기능저하증 환자에게 이런 위 마비증이 흔히 나타난다. 하지만 이 같은 위 마비증은 식이요법으로 간단히 치료할 수 있다. 탄수화물 함량을 극도로 낮춘 식사, 즉 곡채식의 식단에 양질의 단백질과 지방이 풍부한 한우고기 한 접시만 추가해서 먹으면 간단히 치료된다. 곡채식으로 혈중에 높아진 인슐린 수치는 위산 분비, 식도와 위 사이의 괄약근 압력, 기타 위 기능을 조절하는 호르몬 등과 관련이 높기 때문에, 과다한 인슐린이 분비되지 않도록 하는 식단이 필요한 것이다. 즉, 위 마비증을 해결하는 첫 단추는 초저탄수화물 식단, 다른 말로 단백질과 지방 함량을 높인 식단, 그것도 양질의 단백질과 지방이 풍부한 한우고기와 같은 식재료가 들어가는 식단으로 인슐린의 수치를 낮추는 것이다.

곡채식으로 지속되는 식사는 우리 몸에 과량의 당을 섭취하게 하여 과량의 인슐린을 분비함으로 여러 가지 질병을 유발한다. 이렇게 손상된 몸은 역으로 고탄수화물의 식사를 저탄수화물 식사로 전환하면 치유가 가능해진다. 탄수화물로 가득한 식단, 거기에 단순당으로 버무려진 가짜 단백질 식품과 가짜 지방으로 손상된 몸은 진짜 단백질과 진짜 지방을 섭취함으로 회복될 수 있다는 것이다. 지속적인 곡채식으로 망가진 몸은 양질의 단백질과 지방으로 이루어진 한우고기의 섭취로 치유되고 회복될 수 있다는 말이다.

26. 암을 이겨내는 한우고기

I LOVE HANWOO BEEF

　밥과 된장국 그리고 김치, 곡물 채식의 식단을 자랑하는 우리나라는 위암에 걸리는 사람이 유독 많다. 위는 음식의 소화, 소독, 저장을 담당하는데, 이곳에 암이 발생하면 영양분 섭취와 소화가 제대로 이루어지지 않기 때문에, 치료하는데 있어 가장 골치 아픈 암으로 꼽힌다. 그런데 한국인에게는 위암이 가장 흔한 암이지만, 서양인에게는 드문 암으로 통한다. 우리나라와 식습관이 비슷한 일본인도 위암에 잘 걸린다. 웰빙식으로 알려지고 있는 곡채식을 너무나 잘 하고 있는 우리나라와 일본만 왜 유독 위암에 잘 걸리는 것일까?

　암 전문가들은 하나같이 위암은 식습관과 관련이 깊다고 말한다. 식습관에 따라 위암의 발생률이 달라지기 때문이다. 예를 들어 미국이나 유럽으로 이민을 떠난 한국인이나 일본인들의 위암 발생률은 본국보다 낮은 것으로 나타난다. 실제로 위암 발생률은 짜고 맵고 자극적인 음식을 즐겨 먹는 사람들에게 높게 나타난다. 또 곡류 등 탄수화물을 주로 먹는 나라에서 위암의 발생률이 높다는 조사 결과도 있다. 아마도 곡채식의 식물성 식재료들은 원래 그것들이 가지고 있는 쓴맛 때문에 짜고 맵고 자극적인 조리를 요하기 때문으로 추정된다.

반면 육류섭취량이 높은 나라일수록 위암의 발병률은 낮아진다. 암 전문가들은 육류에 있는 양질의 단백질을 많이 섭취하기 때문이라고 말한다. 따라서 곡채식으로 위암의 발병률이 높은 우리나라는 양질의 단백질을 많이 함유하고 있는 한우고기의 섭취를 늘리면 위암의 발생을 예방할 수 있다. 아무래도 한우고기와 같이 맛있고 양질의 단백질이 많은 고기가 들어간 식단을 꾸리면 굳이 짜고 맵고 자극적으로 먹지 않게 되기 때문이다.

그런데도 채식을 주장하는 사람들은 육식을 폄훼하기 위한 말을 만들어 전파하기도 한다. 우리나라 사람들이 많이 알고 있는 "암 환자는 고기를 먹으면 안 된다"고 하는 말이 그 대표적인 예이다. 고기를 먹으면 암세포가 고기의 영양분을 먹고 더 활력을 얻어 암이 악화되거나 전이되기 때문이란다. 하지만 이것은 사실이 아니다. 실제로 암병동에서 근무하는 많은 의사들이 암 환자들에게 고기를 많이 먹을 것을 주문한다. 만약 암 환자가 한우고기와 같이 영양분이 우수한 식품을 먹지 않아 충분한 동물성 단백질의 섭취가 부족해지면 여러 가지 문제점들이 발생하기 때문이다.

암 환자에게 양질의 단백질 공급이 부족하면 장 점막 세포가 변화되어 장 질환이 발생하기 쉬워진다. 게다가 면역세포가 덜 생성되어

면역력도 떨어진다. 그러나 가장 심각한 문제는 부족한 에너지원을 보충하기 위해 몸 안에 저장된 지방을 소모하는 것이다. 체내에 저장된 지방이 고갈되면 암 환자의 체력이 바닥으로 떨어진다. 여기에 비타민이나 미네랄까지 고갈되면 심각한 암독(癌毒, cachexia) 상태에 빠질 수 있다. 암독은 총체적인 영양불량 상태를 말하는 것으로 위암, 췌장암, 대장암, 폐암, 두경부암, 난소암 환자들에게 흔하게 나타난다. 따라서 암 환자는 양질의 단백질과 양질의 지방이 풍부한 한우고기를 건강할 때보다 더 많이 섭취하는 것이 좋다.

그러나 암 진단을 받은 많은 사람들은 평소 자신이 먹어 온 식생활에 뭔가 잘못이 있었을 것으로 생각한다. 그리고 채식이 건강식이자 웰빙식이라고 주장하는 사람들의 말에 따라 고기, 특히 한우고기와 같은 적색육을 암 치료의 훼방꾼으로 여기게 된다. 실제로 이런 이유로 많은 암 환자들이 고기 먹는 것을 끊고 채식주의자가 되기도 한다. 그러나 채식만으로는 양질의 단백질을 공급할 수 없다. 특히 한우고기와 같은 적색육은 암 치료를 위해 반드시 섭취해야 할 식품이다. 한우고기는 면역력을 높이는 데 필요한 필수아미노산을 많이 함유하고 있을 뿐만 아니라 암세포를 대체할 정상 세포를 만드는 최상의 재료를 제공하기 때문이다. 특히 한우고기는 철분이 풍부해 암 환자가 흔히 겪는 빈혈 예방에도 무척 유용하다.

한우고기로 만든 음식은 영양가도 높지만 무엇보다 맛이 있기 때문에 입맛이 없는 암환자들도 그리 어렵지 않게 먹을 수 있는 장점이 있다. 하지만 곡채식은 아무리 요리를 해도 원재료의 맛 때문에 암 환자의 입맛을 더욱 잃게 만든다. 실제 암병동에는 "암은 환자를 굶겨서 죽인다"는 말이 있다. 대부분의 암 환자가 치료 도중 식욕부진이나 식욕을 상실하는 경험을 하고 영양실조에 걸리기 때문이다. 물론 음식을 제대로 먹지 못하면 체력이 떨어지고 극도의 공포심을 느끼게 된다.

미국 뉴욕대의 종양내과팀의 조사연구 결과, 암으로 사망한 환자의 20% 이상이 영양실조로 숨졌다는 보고는 가히 충격적이다. 이 보고서를 보면 암 환자의 영양실조 발생률은 63%에 달했고, 특히 소화기관계통의 암인 췌장암, 위암 환자의 경우 83%가 영양실조로 고통을 겪는 것으로 나타난다. 이처럼 암 환자에게 영양불량이 잦은 것은 암세포가 다양한 식욕억제물질을 배출하여 식욕부진, 미각과 후각의 변화, 조기 포만감을 초래하기 때문이다.

실제 필로도 암에 걸린 지인들의 대부분이 항암치료를 받으면서 영양결핍으로 체중이 눈에 띄게 감소되는 것을 보아왔다. 만약 암 환자가 평소 체중보다 5% 이상 감소하면 면역력이 떨어지고, 항암제와 방사선치료 부작용의 위험도 배로 높아진다. 따라서 암 환자는 평소보다 더욱 좋은 영양을 공급받아 정상 체중을 유지하는 것이 정말 중요하다. 정상적인 체중이 유지되는 한 평소의 체력도 유지되고, 그러면 암과의 싸움도 승리로 이끌 수 있기 때문이다. 한우고기와 같은 고농축 영양식품의 섭취로 암을 이겨낼 수 있다는 말이다.

암 환자들은 한우고기 살코기로 만든 음식이나 반찬을 하루 한 끼나 적어도 이틀에 한 번은 섭취하는 것이 좋다. 암 전문가들이 암 환자에게 권장하는 1일 육류 섭취 권장량은 소고기 기준으로 200~300g 정도다. 물론 한우고기의 경우, 지방함량이 많은 꽃등심 같은 부위보다는 지방함량이 거의 없고 단백질로만 이루어진 우둔이나 설도 같은 부위의 살코기가 좋다. 만약 죽을 먹어야 할 형편이라면 쌀로만 끓인 흰죽보다는 한우고기를 다져 넣으면 영양가도 좋아질 뿐만 아니라 맛도 좋아져 많이 먹을 수 있다.

미국식 영양학에 포로가 된 국내 채식주의자들은 우리나라 부동의 사망원인 1위가 암이라는 사실에 주목해야 한다. 육류섭취량이 지나치게 많은 비만한 미국처럼 사망원인 1위가 혈중 높은 콜레스테롤 수준이 문제가 되는 심혈관 질환이 아니라는 말이다. 우리나라 국민이 미국인들처럼 심혈관 질환으로 사망하는 비율은 미국의 절반의 절반인 수준이다. 따라서 우리는 사망원인과 관련해서 심혈관 질환보다 암에 집중할 필요가 있다.

미국 사람들은 고지방식품을 즐겨 먹으면 유방암, 대장암, 전립선암, 자궁내막암 등의 발생 위험이 높아진다고 말한다. 요즘은 우리나라 사람들도 고지방식품의 섭취가 대장암을 비롯한 많은 암의 원인이라고 말한다. 그런데 이런 암은 하루에 섭취하는 열량의 30% 이상을 지방을 통해 얻는 서구인에게 흔하게 나타나는 암이다. 그래서 미국 정부는 하루에 섭취하는 열량 중 지방으로부터는 30% 미만으로 얻으라고 권장한다. 반면 곡채식을 잘 하고 있는 우리나라는 하루에 섭취하는 열량의 약 20%를 지방에서 얻고 있다. 그리고 우리나라에서 가장 흔한 암은 위암이다.

미국식 영양학을 인용하는 것을 즐겨하는 사람들은 요즘 우리나라에서 대장암이 증가하는 이유를 서구식으로 변한 식생활에 빗대어 설명한다. 예를 들어 육류섭취량이 높은 뉴질랜드 사람들은 대장암에 잘 걸리는 반면, 육류섭취량이 적은 아프리카 나이지리아 사람들에게는 대장암이 희귀한 질병이라는 것이다. 그러므로 최근 우리나라에서 대장암이 증가하는 것은 서구식으로 변한 식사, 육류섭취량 증가가 원인이라는 소리다. 특히 그들은 소고기 같은 적색육과 햄, 소시지, 베이컨 같은 육가공식품을 대장암을 일으키는 주요 식품으로 지목하고 있다.

그런데 재미있는 것은 적색육과 육가공식품을 대장암의 원인으로 지목하는 서구의 과학자들이 대장암을 예방하기 위해 권장하는 적색육의 섭취량이다. 그들은 조리한 적색육의 섭취를 주당 500g, 정육 기준으로는 주당 700g 이하로 줄이라고 권장한다. 주당 500g이면 한 달에 2kg이고, 1년이면 24kg이다. 정육 기준으로는 1년에 33.6kg이다. 그런데 우리나라는 평균 1년에 4kg의 한우고기를 먹는다. 수입쇠고기 6kg을 합쳐도 겨우 10kg을 먹는 것이다. 재미있지 않은가?

더욱이 우리나라는 육가공식품도 많이 먹지 않는다. 사실 대부분의 육가공식품은 돼지고기를 원료육으로 사용하고 쇠고기를 이용한 육가공식품은 육포 정도가 있는데 그나마 대부분 수입쇠고기로 만든다. 그리고 결정적으로 우리나라 식문화는 고기를 신선육으로 섭취하는 비율이 80%이고 육가공식품으로 섭취하는 비율은 고작 20% 내외다. 반면 외국의 경우는 신선육과 육가공식품의 섭취 비율이 45:55이다. 고기를 육가공식품으로 더 많이 섭취하는 식문화라는 말이다.

더구나 현재 적색육이 대장암 발병위험을 높이는 이유에 대해서도 다양한 가설만 제시되어 있을 뿐 아직까지 과학적으로 규명된 것이 없다. 단지 적색육 자체가 대장암 발병에 기여한다기보다 튀기거나 직접 불에 굽거나 훈제하는 과정에서 생긴 발암물질이 대장암 발생의 위험을 높일 것이라는 추정뿐이다. 그래서 과학자들은 쇠고기를 고열

로 굽는 과정에서 발암물질이 생길 수 있으므로 탄 부위는 떼어내고
먹는 것이 좋다고 말한다. 그것이 전부다.

　필로는 우리나라 상황에서 적색육인 한우고기가 대장암 증가의 원
인이라고 믿지 않는다. 아니, 원인이 될 수 없기 때문에 원천적으로 무
죄다. 앞뒤를 다 따져보아도 한우고기는 대장암뿐만 아니라 각종 암을
예방하는 양질의 단백질식품이다. 그리고 암 환자들에게는 암을 이기
게 할 수 있는 힘을 제공하는 최고의 영양식품이다. 그러니 미국의 데
이터를 가지고 한우고기에게 죄를 뒤집어씌우면 안 된다. 그러면 정말
한우고기는 억울하다.

27. 암도 무서워하는 한우고기

I LOVE HANWOO BEEF

곡물 채식이 웰빙식이고 건강에 좋다고 주장하는 사람들은 한우고 기와 같은 소고기에는 포화지방뿐만 아니라 콜레스테롤도 많아 문제 라고 말한다. 맞는 말이다. 식물성 식품에는 포화지방이 평균 30% 정 도 들어 있는 것에 비해 한우고기에는 포화지방이 50% 정도 들어 있 으니 맞는 말이다. 또 식물성 식품에는 전혀 없는 콜레스테롤을 한우 고기는 가지고 있으니 맞는 말이다. 그러나 그렇기 때문에 한우고기가 건강에 문제라는 말은 전혀 맞는 말이 아니다.

역설적으로 채식주의자들은 한우고기에는 포화지방이 많고 콜레스 테롤이 있기 때문에 건강에 이롭다는 것을 알아야 한다. 또한 오늘날 건강식품이라는 미명 아래 많은 사람들이 선호하고 있는 곡채식이 오 히려 우리의 몸을 망치고 있다는 것을 알아야 한다. 현대 문명사회에 서 살고 있는 우리는 가공된 곡물과 경작된 채소 그리고 흰쌀, 밀가루,

설탕, 식물성 기름 등 소위 문명화된 음식을 먹기 시작하면서 각종 현대병들이 나타났다는 것을 깨달아야 한다. 그 대표적인 질병이 암이다.

일찍이 많은 과학자들은 문명사회가 시작되기 전에는 암이 존재하지 않았다는 것을 알고 있었다. 사냥과 채집으로 먹거리를 구했던 그 옛날부터 고기와 과실을 자유롭게 먹었던 시절에는 소위 현대병으로 알려지고 있는 질병들과 무관한 생활을 영위했다. 그런데 산업화로 농업이 발달하고 공장식 농법으로 생산된 곡물과 채소를 가공하여 먹기 시작하면서 당뇨병도, 고혈압도, 심혈관계 질환도, 암도 나타난 것이다.

알래스카에서 36년 동안 원주민을 치료해 온 의사 요제프 로미히(Josef Romig)는 전통적인 생활방식을 유지한 원주민들에게 암이란 존재하지 않았던 병이라고 말한다. 그러나 원주민들이 밀가루, 설탕, 식물성 기름 등 소위 문명화된 음식을 먹기 시작한 후로는 암이 빈번하게 발생했다고 증언한다. 그는 알래스카 주민들에게 암의 발병률을 낮추기 위해서는 다시 영양이 풍부한 전통적 식생활과 생활방식으로 돌아가야 한다고 권유한다.

그럼에도 불구하고 우리나라 채식주의자들은 한우고기에 들어 있는 포화지방과 콜레스테롤이 건강에 좋지 않다는 과장된 홍보와 광고를 멈추지 않고 있다. 그 결과 현재 우리나라 국민들의 대부분은 그들의 주장이 진실인 것으로 오해하고 있다. 물론 상황이 이렇게 되기까지는 그동안 TV나 신문을 포함한 각종 언론매체들의 역할이 컸는데,

요즘도 각종 언론매체에서는 미국식 영양학이나 의학정보가 그대로 보도되고 있다. 그러나 필로는 문화와 식습관이 다른 외국의 연구결과를, 설령 그것이 아무리 선진국의 것이라고 할지라도 아무 여과 없이 그대로 받아들이고 보도하는 것은 큰 문제라고 생각한다.

최근 우리나라의 식습관은 빠르게 서구화되어 가고 있다. 하지만 그렇다고 하더라도 아직까지 대부분의 사람들은 주식으로 밥과 국 그리고 반찬을 먹고 있다. 더욱이 우리나라는 한우고기를 그렇게 많이 먹고 있지 않다. 또한 고기를 미국이나 유럽처럼 햄버거 패티, 햄, 소시지 같은 육가공식품으로 먹는 비율도 확연하게 낮다. 그러므로 우리나라에서는 콜레스테롤에 대해서 서구의 나라들과 다른 평가를 해야 한다는 것이 필로의 주장이다.

흥미로운 것은 육류섭취량이 우리의 몇 배나 되는 미국이나 유럽에서도 최근 콜레스테롤에 대한 새로운 평가가 이루어지고 있다는 점이다. 육류섭취량이 지나치게 많은 미국에서는 심근경색이나 동맥경화의 발병률이 높아 오랫동안 혈중 콜레스테롤 수치는 낮은 것이 좋다고 생각하여 왔다. 그래서 저지방 고탄수화물의 식단으로 바꾸는 치열한 노력을 통해 혈중 콜레스테롤 수치를 낮췄더니, 이번에는 암의 발생률이 높아졌다. 구체적으로 허혈성 심장질환의 사망률은 혈중 콜레스테롤 수치가 높은 만큼 높지만, 역으로 암의 사망률은 콜레스테롤 수치가 낮을수록 높게 나타난 것이다.

이에 관한 세계적으로 유명한 국제공동연구가 MRFIT(Multiple Risk Factor Intervention Trial)라는 프로젝트다.[1][2] 혈중 콜레스테롤과 현대

인의 사망원인이 되는 각종 질병과의 상관관계를 12년간 조사한 이 대규모 연구의 결론은 콜레스테롤 함량은 높아도 낮아도 좋지 않다는 사실이다.[3] 혈중 총 콜레스테롤 수치가 증가함에 따라 총 사망율은 증가하지만, 콜레스테롤이 감소한다고 해서 사망률이 감소하지는 않는다가 이 연구의 결론이다.

필로가 MRFIT의 조사에서 가장 눈여겨 본 결과는, 혈중 콜레스테롤 수치가 증가하면 협심증이나 심근경색으로 사망하는 위험은 높아지지만 암이나 뇌졸중으로 사망하는 위험은 낮아진다는 사실이다. 이런 아이러니컬한 연구결과가 필로의 관심을 사로잡은 이유는 우리나라 국민들의 사망원인 1위가 암(모든 암을 포함)이고, 단일 질병으로는 뇌졸중이 사망원인 1위이기 때문이다.

육류섭취량이 많은 미국이나 유럽은 혈중 콜레스테롤 수치와 심혈관계 질환과의 상관관계에 관심을 가져야 한다. 그들의 사망원인 1위가 심혈관계 질환이기 때문이다. 그러나 사망원인 1위가 암인 대한민국은 혈중 콜레스테롤 수치가 암의 발병률에 어떤 영향을 미치는지에 관심을 가져야 한다. 그런 점에서 혈중 콜레스테롤 수치가 증가하면 암의 발병률이 낮아지는 현상은 고기를 많이 먹지 않는 우리 대한민국 국민들에게 시사하는 바가 크다.

육류섭취량이 많은 미국이나 유럽에서는 쇠고기, 양고기, 돼지고기 같은 적색육이나 베이컨 같은 가공육을 많이 섭취하면 대장암의 위험이 높아진다는 연구결과를 끊임없이 발표하고 있다. 그리고 우리의 언론은 그 결과를 그대로 TV나 신문을 통해 우리나라 국민들에게 성실히 전달하고 있다. 그러나 대장암은 적색육과 가공육의 과다한 섭취가 원인이 될 수 있지만, 이것보다는 흡연과 비만이 더욱 위험한 원인이다. 특히 비만과 운동부족은 대장암 위험을 2배 이상 증가시킨다.[4]

한우고기와 같은 적색육을 과다 섭취하면 왜 대장암의 발생률이 증가되는지도 아직까지 확실히 밝혀지지 않고 있다. 몇몇 과학자들은 적색육을 먹을 때 지방도 같이 섭취하게 되어 과다한 지방이 대장암 발생을 촉진시킬 것이라고 추정하기도 한다. 고지방 식사를 하게 되면 체내의 담즙 분비가 많아지는데, 과다한 담즙은 대장세포의 분열을 촉진하고 장내 세균의 효소작용이 가세하여 발암 과정이 시작된다는 것이다.[5][6] 그런데 만약 이것이 사실이라면, 적색육을 먹지 않더라도 식물성 기름에 튀긴 인스턴트식품이나 고지방 가공식품을 먹어도 대장암의 위험이 높아진다.

암도 종류가 많고 또 암의 종류에 따라 혈중 콜레스테롤 수치와의 상관관계가 엇갈린다. 즉, 콜레스테롤 수치가 낮아지면 암의 발생률이 높아지는 부의 상관관계를 보고하는 연구결과도 많다. 물론 여러 종류의 암마다 정의 상관관계와 부의 상관관계가 혼재하지만, 위암이나 자궁암은 콜레스테롤 수치가 낮으면 발생률이 높아지고, 유방암이나 전립선암은 콜레스테롤 수치가 높으면 발생률이 높아진다. 그러나 전체적으로 보면 콜레스테롤 수치가 낮아지면 암의 발생률과 이로 인한 사망률이 높아진다는 것에는 큰 이견이 없어 보인다. 그러므로 정상인이라면 암과 관련하여 콜레스테롤이 걱정되어 마블링이 많은 한우고기의 섭취를 의도적으로 피할 이유가 전혀 없다. 아니, 오히려 역설적으로 한우고기의 섭취가 암의 발병을 억제할 수도 있다.

한우고기 같은 육류를 전혀 먹지 않고 채식위주의 식사를 하여 혈중 콜레스테롤 수치가 낮아지면 암의 발생률이 증가하는 이유에 대해서는 많은 견해가 있다. 필로는 낮은 콜레스테롤 수치가 암의 직접적인 원인이라기보다는 콜레스테롤 수치를 낮추기 위해 노력하는 식습관 때문이라고 생각한다 즉, 채식이나 곡채식이 좋다고 주장하는 사람들은 콜레스테롤을 낮추기 위한 식단을 만들기 위해 무단한 애를 쓰지만, 콜레스테롤이 부족한 식단은 영양부족이나 영양이 편중될 수밖에 없으며, 이것이 암의 발생요인이 될 수 있다는 말이다.

아무래도 한우고기와 같은 동물성 식품이 적거나 없는 채식위주의 식단은 양질의 단백질이 부족할 뿐만 아니라 지용성 비타민의 결핍을 피할 수 없다. 게다가 한우고기 지방과 같은 동물성 지방에 들어 있는 영양소가 없으면 다른 식물성 식품에서 섭취한 대부분의 영양소는 효율적으로 소화 흡수되지 못하고 낭비되고 만다. 특히 비타민 A, D, E, K는 동물성 지방에 주로 들어 있고, 이 동물성 지방은 무기질 흡수와 단백질 소화에 필수적이다.

한우고기에 풍부한 지용성 비타민들은 체내에서 다양한 기능을 발휘하는데, 암의 발생을 억제하는 역할도 수행한다. 즉, 비타민 A는 암세포의 싹을 제거하여 면역기능을 정상적으로 유지하게 하는 기능이 있을 뿐만 아니라 발암촉진인자들을 제거하는 역할도 한다. 또 천연의 항산화제로 잘 알려진 비타민 E는 정상적인 세포를 튼튼히 지키는 기능을 하며, 불안정하게 산화되기 쉬운 비타민 A의 흡수를 돕기 때문에 우리 몸에 꼭 필요한 물질이다.

이 같이 한우고기에는 암세포의 발생과 성장을 억제하는 영양성분이 많다. 암세포가 원초적으로 무서워하는 성분이 한우고기에는 많은 것이다. 물론 채식주의자들이 곡채식을 하면서 이런 성분들은 건강보조식품이나 알약으로 섭취하면 된다고 하면 할 말은 없다. 하지만 채식주의자들이 꼭 알아야 할 것이 하나 있다. 곡물과 채소들도 생물이기 때문에 인간에게 먹히는 것을 그다지 좋아하지 않는다는 사실이다. 식물은 동물처럼 움직이지 못하기 때문에 죽음을 앞두고 도망가는 대신 화학물질을 분비하고, 이런 화학물질들은 음식물의 소화 흡수를 방해한다.

식물이 인간의 입속으로 들어가는 죽음을 앞두고 분비하는 화학물질 중 대표적인 것이 피트산이다. 식물이 생존을 위해 분비하는 피트

산은 그 식물을 먹은 대상의 소화기관에 있는 각종 미네랄과 결합해 미네랄의 흡수를 방해한다. 쉽게 말하자면 잘 정제된 쌀이나 밀가루를 먹을 때마다 우리는 미네랄의 흡수를 방해받는다. 게다가 설탕과 같이 무기질을 완벽히 제거한 탄수화물식품을 먹을 때 이런 현상은 더욱 심해진다. 따라서 건강식품이라는 미명 아래 곡채식으로 일관된 식사를 하는 한, 우리의 몸은 소리 없이 무너지고 암과 같은 질병에 자연스럽게 노출된다고 할 수 있다.

필로는 탄수화물 위주의 곡채식 식단 때문에 우리나라가 암 발병률이 높은 것이라고 말하지 않겠다. 또한 마블링이 좋은 한우고기와 같은 육류 섭취의 부족으로 혈중 콜레스테롤 수치가 낮아 암의 발병률이 높은 것이라고도 말하지 않겠다. 하지만 우리나라 사람들이 갈수록 곡채식의 식사를 건강식으로 오해하고 선호하는 것은 바뀌어야 한다고 믿는다. 특히 노인들은 여러 가지 이유로 한우고기와 같은 양질의 식품을 충분히 섭취하지 못하고 있다. 그러다 보니 동물성 지방의 섭취가 절대적으로 부족하여 각종 질병에 쉽게 노출되는 상황이 안타깝다. 확실히 우리나라는 암도 무서워하는 한우고기를 충분히 섭취하는 것이 건강한 장수를 위해 필요하다.

 각주

I LOVE HANWOO BEEF

1) Gotto, A.M. (1997) "The Multiple Risk Factor Intervention Trial (MRFIT): A Return to a Landmark Trial." JAMA 277:595-597.

2) Multiple Risk Factor Intervention Trial Research Group (1982). "Multiple Risk Factor Intervention Trail: Risk Factor Changes and Mortality Results." JAMA 248:1465-1477.

3) 콜레스테롤은 미국에서 심근경색이나 협심증이라고 하는 허혈성 심장질환의 위험인자가 콜레스테롤로 알려지면서 콜레스테롤에 대한 부정적인 견해가 생겨나게 되었으며, 불행히도 모든 성인병의 원인이 콜레스테롤인 것으로 생각되기 시작했다. 그러나 연구가 진전됨에 따라 다른 여러 가지 결과들이 나타났다. MRFIT(Multiple Risk Factor Intervention Trail)이라고 하는 프로젝트로 12년 동안 연구한 결과, 혈중 총 콜레스테롤 수치가 증가함에 따라서 총 사망률이 증가하지만 콜레스테롤이 감소한다고 해서 사망률이 감소하지는 않는다는 연구결과를 얻었다. 아래 표는 MRFIT의 조사결과를 나타내고 있는데, 이것을 보면 협심증이나 심근경색으로 사망하는 위험은 콜레스테롤이 증가하는 만큼 많아진다. 그러나 암은 완전히 반대이다. 또 뇌졸중에서는 어느 높이까지는 콜레스테롤이 낮을수록 위험도가 적어지지만 가장 높은 콜레스테롤군에서도 위험도가 낮아지고 있다. 이와 같이 콜레스테롤이 작용하고 있는 역할은 질환에 따라서 다양하기 때문에 콜레스테롤이 낮으면 모든 성인병을 예방할 수 있다는 주장은 잘못된 것이다.

mg/dl	160미만	160~199	200~239	240이상
협심증, 심근경색	1.0	1.32	1.99	3.03
뇌졸중	1.0	1.15	1.69	0.91
뇌출혈	1.0	0.44	0.46	0.43
암	1.0	0.81	0.76	0.73
당뇨병	1.0	2.29	4.90	7.36
자살	1.0	0.67	0.58	0.64
알코올 의존증	1.0	0.30	0.43	0.29

〈콜레스테롤과 각 질병과의 상대 사망 위험도: MRFIT 결과 요약〉

4) 한겨레신문, 조선일보(2005년 1월 13일). 적색육 많이 먹으면 대장암 위험. 미국암학회 역학연구실장 마이클 선 박사는 '미국의학협회 저널' 신년호에 발표한 연구보고서에서 이 같은 사실이 확인됐다고 밝혔다. 지금까지 육류의 과다섭취가 대장암과 연관이 있다는 연구보고서가 20여 건 발표되었지만 이 최신 연구보고서는 그 중에서도 최장기간에 걸쳐 실시된 최대 규모의 조사 분석 결과이다. 한편 네덜란드 위트레흐트대학 메디컬센터의 페트라 페터스 박사는 같은 의학전문지에 발표한 또 다른 연구보고서에서 유럽 8개국 여성 28만5천 명(25-70세)을 대상으로 식습관을 조사하고 평균 5.4년을 지켜본 결과, 채소와 과일을 많이 먹는 것이 유방암 위험을 감소시키는 효과가 없는 것으로 나타났다고 밝혔다.

5) 서울신문(2007년 12월 11일). 적색육-간, 대장암 외 폐암 위험도 증가시켜. 미국 국립암연

구소(NCI)의 아만다 크로스 박사는 식사-건강조사에 참여한 50여만명(50-71세)의 자료를 분석한 결과, 적색육 섭취량 상위 20% 그룹이 하위 20% 그룹에 비해 폐암, 식도암, 간암, 대장암 발병률이 20~60% 높은 것으로 나타났다고 밝혔다. 특히 적색육이 폐암 위험을 높인다는 연구결과가 나온 것은 이번이 처음이다. 크로스 박사는 적색육은 여러 가지 경로로 암을 일으킬 수 있다면서 우선 적색육은 암의 형성과 연관이 있는 포화지방과 철의 공급원이라고 지적했다. 또 적색육에는 NOC, HCA, PATH와 같은 DNA변이를 일으키는 것으로 알려진 화학물질들이 함유되어 있다고 크로스 박사는 밝혔다. 이 연구결과는 과학전문지 '공중과학도서관-의학(Public Library of Science - Medicine)' 최신호에 실렸다.

6) 연합뉴스(2010년 3월 11일). 적색육-대장암 연관성 확인. 미국 국립암연구소(NCI) 암역학-유전학 연구실의 아만다 크로스(Amanda Cross) 박사는 남녀 30만명을 대상으로 평소 적색육과 가공육을 얼마나 먹으며 어떤 방식으로 조리해 먹는지를 묻고 7년 동안 지켜본 결과, 가장 많이 먹는 상위 20% 그룹이 가장 적게 먹는 하위 20% 그룹에 비해 대장암 발병률이 적색육은 평균 24%, 가공육은 16% 높은 것으로 나타났다고 밝혔다. 이들이 적색육을 어느 정도의 온도에서 가열해 조리하는지에 관한 정보를 과학적 데이터베이스와 연계시킨 결과 헴철(heam-iron), 질산염, 아질산염 그리고 헤테로사이클릭 아민 같은 돌연변이원(DNA 변이를 일으키는 인자)들이 문제인 것으로 나타났다고 크로스 박사는 밝혔다. 크로스 박사는 특정 육류를 고온에서 조리했을 때는 조리하지 않은 상태에서 없던 화학물질들이 생성된다면서 조사대상자들의 적색육 조리방법을 대장암 발생률과 연계시켜 분석했을 때 헴철과 헤테로사이클릭 아민은 대장암 위험을 각각 13%와 19% 증가시키는 것으로 나타났다고 말했다. 이 연구결과는 미국암연구학회 학술지 '암 연구(Cancer Research)' 최신호(3월 9일자)에 실렸다.

28. 우울증도 날려 버리는 한우고기

I LOVE HANWOO BEEF

필로는 좋아하던 배우 故 최진실이 죽었을 때 많이 슬펐다. 그녀의 인생이 가련하여 슬펐다. 가녀린 몸으로 이 거친 세상에서 한번 멋지게 살아보려고 그렇게 많은 애를 썼는데 결국 스스로 죽음을 선택한 것이 안타까웠다. 우울증이었단다. 잠도 제대로 잘 수 없을 정도로 심했던 우울증이 그녀를 자살로 몰고 갔단다.

우리나라 사망원인 중 1위는 암이며, 2위는 뇌혈관 질환, 3위는 심장질환, 그리고 4위가 자살이다. 그런데 자살의 대부분은 우울증 때문에 발생한다. 건강보험심사평가원에 따르면, 우리나라에 우울증을 앓고 있는 사람의 수는 최소 200만 명 이상으로 추정된다고 한다. 그래서 그런지 대한민국은 인구 10만 명당 33.5명이 자살을 하고 있으며, 지난 몇 년 동안 OECD 회원국 중 자살률 1위를 차지하고 있다. OECD 회원국의 평균 자살률이 12.8명인 것을 감안하면 우리는 약

2.6배나 높은 자살률을 기록하고 있는 셈이다.[1]

그런데 최근 평소 섭취하는 음식으로도 어느 정도 우울증을 예방할 수 있다는 주장이 힘을 받고 있다. 소위 '푸드테라피'로 불리는 것이 바로 그것이다. 예를 들어 맛있는 한우고기 한 점을 상추에 싸서 입 안 가득 넣고 씹다보면 짜증이 가라앉고 기분이 좋아진다는 것이다. 한우고기의 감칠맛도 짜증을 가라앉히는데 일조하지만, 과학자들은 그 이유를 한우고기와 같은 양질의 단백질이 풍부한 식품에 많이 들어 있는 트립토판에서 찾고 있다.

사람의 기분을 관장하는 기관은 뇌다. 뇌는 우리 몸에서 가장 복잡하고 중요한 기관으로 늘 많은 영양소를 필요로 하기 때문에 항상 배고픈 장기로 알려져 있다. 우리가 섭취하는 영양소와 에너지가 첫 번째로 소비되는 곳도 바로 뇌다. 뇌는 식탐이 많고 식성도 까다롭다. 하루에 음식을 통해 공급되는 열량의 20% 정도를 뇌가 소비하는데, 늘 효율이 좋은 최상급 연료만 요구한다. 그래서 시중에는 브레인 푸드(Brain Food)라는 말도 생겼다. 브레인 푸드는 먹으면 뇌의 기능이 향상되고 집중력이 높아져 학업성적이 높아지는 식품을 말한다. 물론 브레인 푸드가 갖추어야 할 최고의 덕목은 양질의 단백질이다. 바로 한우고기 같은 식품을 말하는 것이다.

만약 양질의 단백질 공급이 부족하여 뇌의 기능이 제대로 작동하지 않으면 숙면을 취하지 못한다. 각종 스트레스를 이겨내지 못하면 불안하여 잠이 잘 오지 않기 때문이다. 일반적으로 불면증은 심리적 원인과 환경적 원인에 기인하는데, 환경적 요인으로 약의 오용이나 잘못된 식품의 섭취가 있다. 특히 불면증 환자들이 피해야 할 대부분의 식품들은 식물성 식품들이다. 즉, 알코올이 들어 있는 술, 카페인이 들어 있는 커피, 콜라, 차 등, 그리고 단순당이 많이 들어 있는 탄수화물식품이 숙면을 방해한다.

과학자들은 숙면을 취하려면 필수아미노산인 트립토판이 풍부하게 들어 있는 식품을 섭취하라고 권한다. 트립토판은 체내에서 세로토닌의 원료가 되는데, 세로토닌은 사랑과 행복의 감정을 만들어내고, 심신을 안정시켜 깊은 잠을 잘 수 있게 만들기 때문이다. 세로토닌은 행복감과 안정감을 주는 신경전달물질로 체내에서 분비량이 적으면 불면증으로 수면장애를 겪을 수 있다. 만약 체내 세로토닌 분비가 적으면 남성은 충동성이 증가하고 여성은 우울증이 증가한다. 그리고 식욕이 왕성해져 비만으로 이끌 수 있다.

세로토닌은 밤에는 숙면을 돕는 물질인 멜라토닌을 만드는 원료로 이용된다. 멜라토닌이 많이 분비되면 장거리 해외여행의 시차극복도 빠르게 이루어지는 것으로 알려져 있다. 그러니까 우리 뇌에서는 트립토판 → 세로토닌 → 멜라토닌의 화학반응이 끊임없이 일어나고 있다. 따라서 세로토닌의 분비를 증가시키려면 원재료인 트립토판이 많아야 하는데, 문제는 트립토판이 필수아미노산이라 체내에서 합성되지 않는다는 사실이다. 즉, 트립토판이 풍부하게 함유된 식품을 많이 먹어야 세로토닌도 많이 만들어진다는 말이다. 만약 트립토판의 공급이 중단되거나 적어지면 뇌의 세로토닌 부족으로 불쾌감이 증가하고 짜증이 나게 된다. 그러나 다행히 한우고기에는 식물성 식품에 비해 트

립토판이 풍부하게 들어 있다.

　장기간 채식을 하면 양질의 단백질을 충분히 공급받지 못하기 때문에 세로토닌의 부족으로 우울증에 걸릴 확률이 높아진다. 식물성 식품에는 필수아미노산인 트립토판이 없거나 있어도 미량으로 존재하기 때문이다. 장기간 채식으로 우울증에 걸린 사람들은 종종 초콜릿과 같이 단순당 위주로 되어 있는 단것을 먹으면 일시적으로 기분이 좋아지는 것을 느끼게 된다. 단것을 먹으면 순간적으로 인슐린의 분비가 촉진되어 뇌가 순간적이나마 혈중에 잔류하는 트립토판을 공급받을 수 있기 때문이다.

　혈중에서 인슐린의 역할은 혈관을 지나가면서 당, 지방, 아미노산을 세포로 운반하여 저장하는 것이다. 그런데 인슐린은 다른 모든 아미노산들은 세포로 운반하지만 유일하게 트립토판만은 건드리지 않는다.

따라서 인슐린이 지나간 자리에는 트립토판만 남게 되고, 혈중 트립토판은 어떤 방해도 받지 않고 빠른 시간 안에 뇌로 전달될 수 있다. 바로 이것이 우울증에 걸린 사람들이 단순당으로 이루어진 단 식품, 즉 탄수화물로 된 '위안의 음식'을 찾는 이유이다.

그런데 탄수화물을 기본으로 한 식사를 지속적으로 하다보면 저혈당증이 유발될 확률이 매우 높아진다. 보통 우리 몸은 혈당이 떨어지면 다시 올려야 한다는 강박증이 생긴다. 그 결과 순간적으로 혈당을 올릴 수 있는 단 식품을 찾게 되는데, 당을 먹으면 아드레날린이 급속히 대량 분비되어 일시적으로 엔도르핀의 수준이 높아진다. 엔도르핀은 즐거움, 만족감, 행복감을 전달하는 물질로 사랑에 빠진 사람들에게 흔히 분비되는 호르몬이다. 하지만 문제는 이 반응이 일시적으로 일어난다는 것과 중독성이 있다는 사실이다. 소위 말하는 탄수화물(당) 중독증이다.

물론 체내에서 다량의 엔도르핀이 지속적으로 분비되도록 하려면 양질의 단백질이 풍부한 식품을 정기적으로 많이 섭취하는 것이 좋다. 양질의 고단백식품의 섭취가 부족하면 뇌에서 다량의 엔도르핀이 지속적으로 만들어지지 않기 때문이다. 그러니까 반대로 양질의 단백질을 충분히 먹지 못하는 사람의 뇌는 세로토닌뿐만 아니라 엔도르핀도 부족하여 우울증에 걸릴 확률이 높아지는 것이다.

그런데 채식위주의 식사가 건강, 특히 정신건강에 좋다고 주장하는 사람들은 각종 식물성 식품들을 트립토판이나 세로토닌과 관련지어 억지 설명을 하기도 한다. 앞에서 설명한 예를 다시 들자면 비가 오는 우울한 날에 파전이 먹고 싶어지는 데 그 이유는 밀가루에 풍부한 트립토판 때문이라고 말한다. 즉, 밀가루에는 사람의 감정을 조절하는 세로토닌이라는 성분을 구성하는 단백질, 아미노산, 비타민 B 등이 다량 함유되어 있어 비오는 날에 밀가루 음식을 먹으면 우울한 기분을 해소할 수 있다는 것이다. 하지만 이것은 사실이 아니다.

밀가루에는 글루텐이란 단백질이 약 10~15%가 들어 있다. 하지만 글루텐에 들어 있는 단백질의 양이라는 것은 한우고기의 단백질 함량인 20%보다 훨씬 적은 양이고 단백질의 질도 비교가 되지 않게 나쁘다. 글루텐의 아미노산 조성을 살펴보면, 글루타민과 프롤린이 전체의 50% 내외를 차지하고 페닐알라닌과 글리신 등도 주요 아미노산이다.[2] 반면, 밀가루 단백질에는 필수아미노산인 트립토판이 아미노산 중 가장 적은 미량, 즉 100g의 밀가루에는 0.113g의 트립토판만이 존재한다.

밀가루에 들어 있는 미량의 트립토판이 체내에 섭취되어 전부 세로토닌으로 전환되는 것도 아니다. 체내에서 생성되는 세로토닌의 양은 트립토판이 많은 식품을 섭취했다고 비례해서 늘어나는 것이 아니라, 그 식품을 구성하는 트립토판과 페닐알라닌 및 루이신의 비율에 의존한다. 따라서 상대적으로 이들의 양과 비율이 좋은 한우고기와 밀가루의 체내 세로토닌 생성률은 비교가 되지 않는다. 게다가 트립토판이 아무리 많더라도 포화지방산 없이는 아무런 효과가 없다. 신경전달물질이 실제로 뭔가를 전달하려면 포화지방산이 있어야 하기 때문이다. 한우고기와 같이 양질의 단백질과 포화지방이 풍부해야 세로토닌이 많이 만들어진다는 말이다.

필로는 건강한 몸에 건강한 정신이 깃든다고 믿는다. 그러나 반대로 건강한 정신에 건강한 몸이 깃든다고도 믿는다. 그래서 사람들은 일상에서 건강한 정신을 항상 유지하는 것이 신체의 건강을 위해 무엇보다 중요하다. 하지만 복잡한 현대사회를 살아가는 현대인들은 다양한 스트레스로부터 자유로울 수 없기 때문에 건강한 정신을 항상 유지하고 사는 것이 그리 쉽지만은 않다. 필로는 건강한 정신을 유지하기 위한 가장 좋은 방법은 규칙적인 운동와 균형잡힌 식사라고 생각한다. 특히 규칙적으로 운동하기 힘든 현대인들은 일상의 식사를 통해 정신건강에 좋은 영양성분을 지속적으로 섭취하는 것이 효과적이라고 믿는다.

흔히 우울증을 '마음의 감기'라고 말한다. 누구나 몸의 컨디션이 안

좋으면 쉽게 감기에 걸릴 수 있는 것처럼 우울증도 마음의 컨디션이 안 좋으면 쉽게 걸릴 수 있기 때문이다. 이 마음의 병, 우울증은 정신 이상이나 의지력이 약한 사람만이 걸리는 것이 아니라 누구나 감정의 균형을 잃게 되면 걸릴 수 있는 것이다. 그런데 감정의 균형이란 균형 있는 영양소를 공급받지 못하면 쉽게 잃게 된다. 즉, 고른 영양소를 섭취하면 몸에 감염력이 생겨 감기에 걸리지 않는 것처럼 우울증에도 걸리지 않게 된다.

따라서 채식과 같은 편식이 아니라 채식에 고기가 들어간 균형식이 건강한 정신을 유지하고 우울증을 해소하는데 좋다. 특히 뇌신경에 영향을 미쳐 기분을 좋게 만드는 세로토닌이 많이 만들어지게 하는 음식을 지속적으로 자주 먹는 것이 좋다. 세로토닌의 원료물질인 트립토판을 많이 함유하고 있는 한우고기를 매끼 적정량 자주 먹으면 정신 건강에 좋고, 우울증도 날려 버릴 수 있다는 말이다.

 각주

 I LOVE HANWOO BEEF

1) OECD 국가 자살률 통계(2010). 우리나라의 자살률은 OECD 국가들 중 1위이다. 우리나라의 OECD 자살률은 8년 연속 1위를 하고 있으며 인구 10만명당 OECD 국가들의 평균 자살률은 12.8명인데 우리나라의 자살률은 33.5명으로 OECD 평균보다 2.6배 이상 높다.

2) Chemistry of gluten proteins, Food Microbiology 24 (2007), 115-119.

3

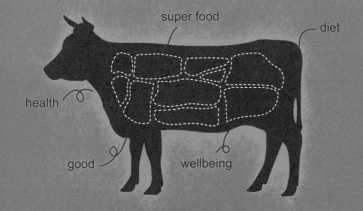

세상에서 가장
맛있고 안전한
소고기는 한우고기

29. 아! 한우고기의 감칠맛이여!

I LOVE HANWOO BEEF

한우고기는 맛있다. 이건 한국인이라면 누구도 부인할 수 없는 사실이다. 잘 달구어진 철판 위에서 노릇노릇 구워지는 한우등심은 보기만해도 군침이 돈다. 숯불에 구운 한우갈비를 한입 뜯어 씹다보면 둘이먹다 하나가 죽어도 모를 감칠맛이 입안을 가득 채운다. 한우 홍두깨살로 만든 장조림은 부드러운 질감과 함께 쫀득쫀득 씹히는 맛이 혀끝에 찰싹 달라붙는다. 설렁탕이나 곰탕은 역시 한우 사골을 넣고 끓여야 제대로 된 국물맛이 우러나오고, 하다못해 미역국을 끓일 때도한우고기 한 점이 들어가야 비로소 최상의 미역국 맛이 완성된다. 이처럼 한우고기는 부위에 상관없이 우리나라 모든 사람들의 입맛을 사로잡는 최고의 식재료이다.

그런데 소고기는 원래 맛있는 고기이기 때문에 수입쇠고기나 한우고기의 맛은 둘 다 거기서 거기라고 말하는 사람도 있다. 이런 사람은 소고기를 많이 먹어보지 않은 사람이다. 소고기를 많이 먹어 본 사람이라면 수입쇠고기와 한우고기의 맛 차이를 금방 알 수 있는데, 그 이유는 이 두 가지 고기는 근본이 다르기 때문이다. 즉, 수입쇠고기와 한우고기는 품종과 사양방식이 다른 소로부터 얻어질 뿐만 아니라 도축, 가공, 유통의 방식도 완전히 다르다. 이럴 경우, 필로와 같은 고기박사들은 품질이 같은 고기라고 하지 않는다. 그래서 필로는 수입쇠고기를 말할 때는 '쇠고기'라고 쓰고, 한우고기는 '소고기'라고 구별하여 표현한다. 다른 소고기라는 말이다.

필로는 5년 전 〈고기예찬〉을 쓰면서 소고기를 국내산은 '소고기'라고 쓰고 수입육은 '쇠고기'라고 구별하여 표현하였다. 쇠고기는 '쇠(鐵)고기'란 뜻으로 쇠(철사)로 된 고기처럼 질진 고기를 의미한다고 하기에 한우고기를 사랑하는 애절한 마음을 담아 수입쇠고기를 그렇게 표현하였다. 그러나 수입쇠고기가 한우고기와 맛의 차이가 없는데 단순히 애국심만으로 수입쇠고기를 폄하하기 위해 그렇게 한 것은 아니다. 분명한 맛의 차이가 있기 때문에 자신 있게 수입육을 '쇠고기'라고 표현한 것이었다.

예를 들어 말하자면 이렇다. 우리나라에 쇠고기를 수출하는 미국이나 호주의 경우는 대단위 공장식 축산으로 소를 사육한다. 텍사스에 가보면 농장당 10만두 이상을 사육하는 곳도 많다. 이런 경우 소의 품종도 다양하며 언제 새끼가 태어나는지도 모른다. 대부분 자연교미에 의해 송아지가 태어나기 때문이다. 하지만 한우의 경우는 100% 인공수정을 통해 송아지를 얻기 때문에 부모가 누구인지 정확히 기록으로

남는다. 대한민국에서 태어나는 한우 송아지의 아버지 황소, 정확히
말하자면 정자를 제공하는 황소는 겨우 60두도 안 된다. 이 황소들은
고품질 한우고기를 생산하는 유전형질이 우수한 것들을 선발 육종한
귀한 존재들이라 국가가 특별히 관리하고 있다.

　한우고기의 마블링이 수입쇠고기에 비해 월등히 우수해서 맛있다
는 것은 다시 거론하지 않겠다. 하지만 소고기의 맛은 근내지방 함량
만으로 결정되는 것은 아니다. 육단백질의 구성과 상태도 맛을 결정하
는 주요 요인이다. 육단백질의 상태, 즉 신선도나 숙성도는 도축, 가공,
유통 단계에서 결정된다. 그런데 일반적으로 한우고기는 도축이 이루
어진 후 소비자에게 팔릴 때까지 7~10일 정도 소요되지만 수입쇠고
기는 최소한 한 달 이상이 걸린다. 게다가 수입쇠고기는 대부분 냉동
육으로 들어오고, 진공포장을 하여 냉장육으로 수입된다고 해도 장기

간 진공포장으로 인해 다량의 육즙이 고기 속에서 빠져나온다. 그러니 어떻게 수입쇠고기와 신선한 상태에서 판매가 이루어지는 한우고기와 맛이 같을 수가 있겠는가?

한편 한우고기는 확실히 돼지고기나 닭고기와 확연하게 다른 맛을 가지고 있다. 그리고 개인적인 차이는 있지만 대부분의 한국인들은 확연히 다른 그 한우고기의 맛을 좋아한다. 그렇다면 왜 한우고기는 다른 고기보다 사람들의 입맛을 사로잡을 만큼 맛이 있으며, 한번 그 맛을 경험하고 나면 좀처럼 잊지 못하는 것일까? 필로는 그 이유를 한우고기의 독특한 'MAF 조성' 때문이라고 설명한다. 'MAF 조성'은 필로가 만들어낸 말로 근섬유(Muscle fiber) 조성, 아미노산(Amino acids) 조성 및 지방산(Fatty acids) 조성을 말한다.

한우고기는 다른 육류에 비해 적색근섬유 비율이 높기 때문에 돼지고기처럼 무르거나 흐물흐물거리지 않고 단단한 조직감을 가지고 있다. 또 한우고기는 양질의 아미노산들을 풍부히 갖추고 있어 구수하고 감칠맛이 나는 핵산물질을 다량 만들어낸다. 그리고 결정적으로 한우고기는 마블링으로 불리는 근내지방이 풍부할 뿐만 아니라 포화지방과 불포화지방의 비율이 절반 정도로 균형을 갖추고 있어 풍미가 남다르게 좋다. 따라서 필로는 이 독특한 '한우고기의 MAF 조성'이야말로 사람들의 입맛을 사로잡는 한우고기 맛의 비밀이라고 주장한다.

맛있는 한우고기의 풍미(風味)는 주로 혀에서 느끼는 맛과 코에서 느끼는 냄새 그리고 입속의 압력과 열감 등을 종합하여 결정된다. 한우고기의 풍미를 구성하는 휘발성 성분은 주로 비강의 천장에서 감지되며, 비휘발성 성분은 혀에서 감지된다. 그리고 눈, 코, 입의 유리말단 신경이 자극되어 감지되는 화학적 자극이나 온도차이 등도 풍미의 감지에 지대한 영향을 미친다. 그래서 따끈따끈한 한우고기가 차갑게 식은 것보다 훨씬 맛있게 느껴진다. 이렇게 느껴지는 한우고기의 풍미는 사람의 부교감신경계를 자극하여 활성화함으로서 영양소 분해와 관련된 체내 대사활동을 촉진시킨다. 맛있는 한우고기를 먹으면 소화가 잘 되는 이유가 바로 이런 원인 때문이다.

그런데 한우고기의 전체적인 풍미에는 맛보다 냄새가 더 중요하게 작용한다. 사람의 혀는 일차 감각으로 단맛, 쓴맛, 짠맛, 신맛을 감지하고 이차 감각으로 금속맛을 감지할 수 있다. 또 사람의 코는 비강에 있는 취각 수용기를 자극하여 헤아릴 수 없이 많은 휘발성 물질들을 구별할 수 있다. 일반적으로 조리하지 않은 한우고기는 단 냄새와 미미한 짠맛을 가지고 있으며, 동시에 금속성의 피맛을 가지고 있다. 그러나 실제 한우고기의 진정한 풍미는 요리를 위한 가열처리의 과정 중에 발현되는데, 한우고기를 가열하면 약 1,000개 이상의 휘발성 물질들이 생성된다. 이렇게 생성된 휘발성 물질들은 가열 중에 비휘발성 전구체들과 서로 반응하여 한우고기의 독특한 맛과 냄새를 형성한다.

한우고기의 마블링은 융점이 낮고 휘발성 물질들을 많이 함유하고 있기 때문에 맛있는 냄새를 책임지는 1차적인 물질이라고 할 수 있다. 또한 한우고기의 마블링은 한우고기를 입안에 넣고 씹을 때 부드러운 식감을 느끼게 한다. 한우고기의 단백질은 가열하면 단단히 굳어지지만 지방은 녹아나기 때문에 요리된 한우고기의 조직감을 부드럽게 만드는 역할을 하는 것이다. 따라서 일반적으로 꽃등심이나 살치살같이 마블링이 좋은 부위는 구워 먹어야 제맛을 음미할 수 있다.

한우고기를 좋아하고 또 자주 먹는 필로는 종종 꽃등심이나 갈비살을 불판에 구워 정말 맛있게 먹는다. 그러나 보통 때는 습식으로 장시간 조리한 장조림을 즐겨 먹는데, 개인적으로 한우고기 지방의 맛보다 단백질의 맛을 더 좋아하기 때문이다. 한우고기의 지방이 맛있냐 아니면 단백질이 맛있냐는 질문의 정답은 있을 수 없다. 그 이유는 맛의 평가라고 하는 것은 매우 주관적인 것이고 개인적인 경험이나 교육에 의해서도 지대하게 영향을 받기 때문이다. 하지만 분명한 것은 우둔이나 사태같이 마블링이 많지 않은 부위를 구우면 기름기가 없어 퍽퍽하고 맛이 별로지만, 살치살이나 갈비살같이 마블링이 좋은 부위는 기름기가 많아 부드럽고 맛도 좋게 느껴진다. 그래서 한우고기를 맛있게 먹으려면 부위에 따라 조리하는 방법이 달라져야 한다.

그런데 미국이나 유럽 사람들처럼 고기를 매일 매끼 먹는 사람들은 지방을 과다하게 섭취하기 때문에 마블링이 많은 것을 꺼리며, 오히려 지방의 맛보다 잘 숙성된 단백질 맛을 더 선호한다. 한우고기를 보통 사람들보다 많이 먹는다고 자부하는 필로도 지방의 맛보다는 그런 단백질의 맛을 더욱 좋아하는데, 한우고기의 지방은 처음엔 강한 맛이 있지만 맛의 깊이가 옅고 지속도 짧은 반면, 잘 숙성된 한우고기의 단백질은 처음엔 맛의 강도가 크진 않지만 맛이 깊고 지속도 길게 간다. 그러나 어떤 맛이 더 좋은가는 전적으로 개인의 취향에 따라 달라질 수 있다.

한편 한우고기에는 식물성 식품에서는 찾아볼 수 없는 감칠맛이란 것이 있다. 일반적으로 사람들은 단맛(甘味), 쓴맛(苦味), 짠맛(塩味) 및 신맛(酸味)은 잘 알고 있으나 감칠맛에 대해서는 정확히 알지 못한다. 감칠맛은 학계에서 우마미(旨味, umami)로 알려지고 있는데, 맛에 대해 연구를 많이 하는 일본에서 발견하여 명명한 것이다. 즉, 예전에는 모든 음식의 맛을 단맛, 쓴맛, 짠맛, 신맛의 4가지 맛의 조합으로 설명하였으나, 1908년 일본의 과학자 키쿠나에 이케다(池田菊苗) 박사는 육수를 잘 우려내면 4가지의 맛으로는 도저히 설명할 수 없는 또 다른 제5의 맛, 즉 밋밋한 듯 구수하면서 자꾸 끌리는 신비한 맛을 발견하고, 이것을 우마미로 명명하였다. 그래서 오늘날 모든 식품의 맛은 단맛, 쓴맛, 짠맛, 신맛, 감칠맛의 5가지로 표현된다. 그러므로 만약 한우고기를 먹지 않고 채식만 한다면 이 감칠맛을 즐기지 못하는 안타까

운 인생이 된다.

확실히 한우고기를 잘 구워 입에 넣고 씹다보면 식물성 식품에서는 느낄 수 없는 감칠맛을 느낄 수 있다. 이것은 한우고기의 단백질이 분해되어 나오는 아미노산들에 의해 만들어지는 맛인데, 이런 유리아미노산들이 만들어내는 맛 중에 특히 글루탐산이 감칠맛에 크게 영향을 미친다. 하지만 한우고기 특유의 감칠맛이 글루탐산에 의해 결정되는 것은 아니다. 글루탐산은 야채나 다른 식물성 식품에도 들어 있기 때문이다. 따라서 야채나 다른 식물성 식품에는 없는 감칠맛을 한우고기가 가지고 있는 이유는 따로 있다고 할 수 있다.

식물성 식품에는 없지만 한우고기에는 있는 감칠맛의 성분은 바로 이노신산(inosinic acid)이다. IMP로도 알려져 있는 이노신산은 생체에너지라고 할 수 있는 ATP(adenosine triphosphate)가 분해되면서 생긴다. 따라서 움직임이 없는 식물들은 ATP가 많지 않기 때문에 이노신산을 거의 생성하지 못한다. 하지만 운동을 하는 한우의 근육에는 ATP가 다량 함유되어 있고, 따라서 한우고기 속에서는 많은 이노신산이 만들어진다. 한우고기 속에서 많이 생성되는 이노신산은 핵산조미료의 핵심원료로 사용되는 물질이다.

결론적으로 말하자면 야채나 콩과 같은 식물성 식품에도 글루탐산이 있지만 한우고기에 비해 감칠맛이 없는 결정적인 이유는, 한우고기에 있는 이노신산이 글루탐산과 함께 맛 성분들의 강도를 폭발적으로 증폭시키기 때문이다. 즉, 이노신산이야말로 한우고기의 감칠맛을 책임지는 결정체인 것이다. 그러므로 한우고기가 괜히 감칠맛이 나는 것이 아니다. 정말 감칠맛의 성분을 가지고 있기 때문에 감칠맛이 나는 것이나.

30. 한우고기는 왜 수입쇠고기보다 맛있을까?

I LOVE HANWOO BEEF

최근 필로는 우리나라 사람들이 소고기를 어떻게 생각하고 어떻게 먹고 있는지 알아보고자 성인 476명(여성 192명, 남성 284명)을 대상으로 설문조사를 실시해 보았다. 그 결과 우리나라 사람들은 일주일에 1~2회 정도 소고기를 먹는 사람이 가장 많은 것으로 나타났다. 그리고 한 번에 섭취하는 소고기의 양은 여성의 경우 약 100g 정도인 반면 남성은 200g 이상 섭취한다고 답했다. 그러니까 대략 평균하여 일주일에 200g 정도 먹는다고 봤을 때, 한 달이면 800g, 일 년이면 10kg 정도의 소고기를 먹는 것이다. 이는 우리나라 연간 1인당 소고기의 소비량(한우고기 4kg, 수입쇠고기 6kg)과 상당히 유사한 수치다.

우리나라 사람들은 한우고기가 맛있고 좋다고 생각하지만 그리 많이 먹지는 못하는 것으로 나타났다. 그 이유는 한우고기가 수입쇠고기에 비해 가격적인 면에서 부담이 크기 때문이었다. 필로의 연구실에

서 조사한 결과에 따르면, 소고기를 구입할 때 한우고기만 구입한다고 대답한 비율은 30.6%에 불과했다. 반면 수입쇠고기와 한우고기를 반반 비율로 구입한다고 답한 경우는 17.6%였으며, 100% 수입쇠고기만 구입한다는 비율도 5%에 육박했다. 그러나 전반적으로 수입쇠고기를 한우고기에 비해 약간 더 많이 구입하는 것으로 나타났다. 상황이 이러니 우리나라 국민의 1인당 연간 한우고기 소비량이 약 4kg 정도에 불과한 것이다.

필로는 조사에 임한 74.3% 사람들이 한우고기보다 수입쇠고기를 선호하는 이유로 저렴한 가격을 꼽은 것을 보고 쓸쓸한 기분이 들었다. 수입쇠고기를 구입하면 가격대비 많은 양을 먹을 수 있어서라고 대답한 경우도 22.4%나 됐다. 하지만 그렇게 대답한 사람들이 한우고기에 비해 수입쇠고기가 위생(37.7%), 맛(20%), 영양(10%), 식감(10%), 풍미(5%)가 나쁘다고 대답했다. 그러니까 우리나라 사람들은 수입쇠고기가 위생이나 맛이 한우고기에 비해 좋지 않다고 생각하지만 '저렴한 가격과 많은 양' 때문에 구입하고 있는 것이다. 슬프지만 이게 우리의 현실이다.

한우고기는 수입쇠고기에 비해 월등한 맛과 안전성을 자랑한다. 그러나 비싸다. 아니, 그래서 비싸다. 한우고기가 수입쇠고기에 비해 비쌀 수밖에 없는 근본적인 이유는 생산비에 있다. 수입쇠고기는 공장식 축산으로 대량 생산되기 때문에 가격이 저렴할 수밖에 없다. 게다가 사료의 원재료로 이용되는 초지가 넓고 곡물의 생산량도 많다. 땅이 좁은 우리나라에서는 공장식이 아닌 가내수공업처럼 한우를 사육할 수밖에 없기 때문에 한우고기는 생산단가가 비쌀 수밖에 없다는 말이다.

그러나 이것 하나만은 꼭 기억하는 것이 좋다. 고가로 판매되는 명품가방은 장인이 한 땀, 한 땀 정성을 다해 만든다. 우리나라 한우도 농가에서 한 마리, 한 마리 정성을 다해 키우고 있다. 그러니 그런 한우로부터 생산되는 한우고기는 '맛있고 안전한 명품 소고기'가 될 수밖에 없는 것이다. 한우고기가 수입쇠고기보다 비쌀 만하기 때문에 비싸다는 소리다.

필로는 된장찌개도 한우고기가 들어 있는 것을 좋아한다. 된장찌개에 된장과 두부만 넣고 끓이면 맛이 별로 없기 때문이다. 그래서 사람들은 된장국의 맛을 좋게 하기 위해 조미료를 첨가하거나 다른 식재료를 넣기도 한다. 하지만 한우고기를 넣고 된장찌개를 끓이면 맛이 비교할 수 없이 좋아지기 때문에 굳이 조미료를 넣지 않아도 된다. 한우고기에는 화학조미료보다 더 좋은 천연 핵산물질이 많이 존재할 뿐만 아니라 맛좋은 지방산 성분과 아미노산 성분도 풍부히 들어 있기 때문이다.

한우고기가 다른 식재료, 특히 식물성 식재료에 비해 맛이 월등히 좋은 근본적인 이유는 한우고기에 풍부한 이노신산의 감칠맛 때문이다. 하지만 전적으로 그것 때문만이라고는 할 수 없다. 음식의 맛이라고 하는 것은 매우 복잡하고 다양한 성분이 복합적으로 작용하기 때문이다. 특히 음식의 냄새인 풍미까지 맛에 지대한 영향을 미친다. 그런데 한우고기는 풍미까지 훌륭하다.

한우고기의 훌륭한 풍미는 요리를 위한 가열처리를 할 때 발현된다. 따리시 얼처리의 방식에 따라 한우고기의 풍미는 달라지는데, 한우고기의 풍미 형성에 기여하는 전구물질들은 한우고기를 구성하고 있는 다양한 성분들로부터 온다. 즉, 한우고기의 지방, 탄수화물 및 수용성 비단백질 물질들이 풍미에 영향을 미친다. 한우고기의 마블링을 형성하고 있는 지방은, 근내지방의 주요 구성성분인 중성지질과 세포막의 조직성분인 인지질이며, 수용성 물질로는 아미노산, 펩타이드, 환원

당, 비타민 및 뉴클레오타이드 등이 있다. 이런 것들을 총칭하여 한우
고기의 풍미전구물질이라고 한다.

한우고기의 풍미전구물질들은 한우의 근육이 사후변화를 거치는
동안 만들어진다. 즉, 도축 가공된 한우고기는 냉장 저장되면서 시간
이 경과함에 따라 당분해(glycolysis), 단백질분해(proteolysis), 지방분
해(lipolysis), 산화(oxidation), 열분해(pyrolysis) 등을 통해 많은 풍미전
구물질들을 만들어낸다. 그리고 한우고기를 가열처리하면 이런 풍미
전구물질들로부터 본격적으로 구체적인 풍미물질들이 만들어진다.

한우고기를 불판 위에 올려놓고 열을 가하면 풍미전구물질들은 여
러 가지 반응에 의해 다양한 휘발성 물질들을 만들어낸다. 이 휘발성
물질들은 한우고기의 풍미에 주요 역할을 하는 질소, 유황 및 산소를
포함하는 물질들로, 특히 파이라진(pyrazine)군, 하이드로퓨라노이드

(hydrofuranoid)군, 락톤(lactone)군 및 옥사졸린(oxazoline)군 등과 지방산화와 유리지방산에서 파생되는 지방족 탄화수소, 방향족 탄화수소, 알코올, 에스터, 알데하이드 및 케톤 등으로 구성된다. 이렇게 많은 풍미물질들이 총체적으로 연합하여 맛있는 한우고기의 풍미를 결정하는 것이다.

한우고기를 가열하면 수용성 물질, 즉 유리당, 당인산염, 당뉴클레오타이드, 유리아미노산, 펩타이드, 뉴클레오타이드, 글라이코펩타이드, 유기산, 크레아틴 및 크레아티닌 등으로부터도 다양한 풍미물질이 만들어진다. 그러나 한우고기의 독특한 풍미를 발현하는데 결정적인 역할을 하는 풍미전구물질은 지방조직으로부터 유래된다. 예를 들어 돼지고기나 닭고기의 수용성 추출물을 가열하면 한우고기의 수용성 추출물과 비슷한 풍미가 형성된다. 하지만 지방조직을 가열하면 한우고기와 확연하게 다른 휘발성 물질들이 생산된다. 그러니까 한우고기만의 독특한 풍미는 한우고기의 지방에서 온다는 말이다.

그러므로 수입쇠고기에 비해 마블링이 우수한 한우고기의 풍미가 월등히 좋을 수밖에 없다. 소고기의 풍미에 결정적으로 영향을 미치는 맛있는 냄새는 가열처리를 통한 지방반응에 의해 만들어지기 때문이다. 따라서 한우고기의 맛있는 냄새는 필로가 주장하는 '한우고기의 MAF 조성' 중 지방산 조성에 결정적인 영향을 받는다. 예를 들어 한우고기는 돼지고기에 비해 포화지방산의 비율이 높고 올레인산을 많이 함유하고 있다. 물론 한우고기의 지방산 조성은 닭고기의 지방산 조성과도 차이가 있으며, 특히 식물성 지방과는 확연한 차이가 있다. 그래서 한우고기의 지방은 다른 식품들의 지방에 비해 확연하게 차이가 날 정도로 맛이 있는 것이다.

한편 가열된 한우고기의 냄새를 좌우하는 물질은 메일라드 (Maillard) 반응이나 티아민(thiamine) 분해를 통해서도 형성된다. 전체 풍미물질의 약 90% 정도가 지방반응에서 유래하고, 나머지 약 10% 정도는 메일라드 반응이나 티아민의 분해를 통해 생성된다. 일반적으로 티아민의 분해보다는 메일라드 반응을 통해 더 많은 종류의 휘발성 물질들이 생성되는데, 생성되는 휘발성 물질들이 적다고 이들 반응이 한우고기의 풍미에 미치는 영향이 적다는 의미는 아니다.

한우고기의 관능적인 평가는 어떤 성분의 절대량에 의해 결정되는 것보다는 그것의 감지역치(sensory threshold, 感知閾値)에 대한 상대적인 양에 의해 더욱 영향을 받는다. 따라서 마블링이 좋은 몇몇 부위를 제외한 다른 한우고기 부위들은 지방함량은 적고 단백질 함량이 많기 때문에 메일라드 반응을 통해 생성되는 휘발성 물질들의 중요성이 크다고 할 수 있다.

한우고기는 단백질의 함량이 풍부할 뿐만 아니라 아미노산 조성도 매우 우수하다. 따라서 한우고기를 가열하면 아미노산의 아미노기와 환원당의 카보닐기의 반응인 메일라드 반응을 통해 여러 가지 풍미물질들이 생성된다. 이런 풍미물질들은 주로 퓨란(furan), 퓨라논 (furanone), 파이란(pyran), 파이라진(pyrazine), 타이오졸(thiozole), 타이아졸린(thiazoline), 옥사졸린(oxazoline) 등과 같이 탄소 이외의 원소를 함유한 복소환식화합물(heterocyclic compound, 複素環式化合物)

이다. 티아민이 분해하면 티오펜(thiophene), 티아졸(thiazole), 퓨란(furan) 등이 생성되고 황화수소(H2S)가 발생된다. 이 황화수소는 퓨라논과 반응하여 한우고기의 강한 풍미를 발현한다.

다른 한편, 한우고기 중 설도, 우둔, 양지 등과 같이 지방함량이 그리 높지 않은 부위의 풍미는 다양한 비휘발성 성분에 의해서 크게 영향을 받는다. 이러한 비휘발성 성분들도 가열처리를 받는 동안 많은 변화를 일으키며 다양한 풍미물질을 만들어낸다. 일반적으로 한우고기의 단맛은 포도당, 리보스(ribose), 과당 등에서 오며, 짠맛은 다양한 무기염과 글루타민산소다 및 아스파틴산소다 등에서 오고, 신맛은 젖산과 여러 가지 다른 산들에서 기인한다. 또 한우고기의 구수한 감칠맛은 앞에서 설명한 바와 같이 다양한 유리아미노산들과 글루탐산 및 이노신산에서 온다.

한우고기가 수입쇠고기에 비해 풍미가 우수한 근본적인 이유는 원료육 자체의 MAF 조성이 다른 것에 기인한다. 여기에 도축 가공 후 유통되는 기간에 원료육 내에서 일어나는 여러 가지 화학적 반응에 의해 발현되는 풍미물질들의 함량과 상태도 한우고기가 수입쇠고기에 비해 우수하다.

문제는 수입쇠고기의 경우, 국내에 반입되어 판매가 이루어지기까지 너무 오래 걸리기 때문에 과숙성이 이루어지거나 과도한 산패로 불쾌취가 높아지는 것을 피할 수 없다는 사실이다. 더구나 진공포장 냉장육의 경우 과도한 육즙의 삼출로 고기가 퍽퍽해지거나 질겨진다. 우리는 적색근섬유 비율이 높은 쇠고기가 질기거나 퍽퍽하면 맛이 없다고 말한다.

　사실 한우고기의 독특한 지방산 조성이나 아미노산 조성은 모두 근섬유 조성의 지배를 받는다. 즉, 한우고기의 독특한 근섬유 조성에 따라 지방산 조성이나 아미노산 조성이 결정되고, 이런 이유로 한우고기가 수입쇠고기에 비해 모든 사람들의 입맛을 사로잡을 만큼 맛있는 것이다.

31. 같이 먹으면 더 맛있는 한우고기

I LOVE HANWOO BEEF

보통 한우고기를 말할 때 입 안에서 살살 녹는 감칠맛이 있다고 말한다. 이런 한우고기의 맛은 누린내가 살짝 받치고 다소 질기고 텁텁한 수입쇠고기의 맛과 확실히 다르다.

한우고기가 이처럼 맛있는 이유는 한우고기가 가지는 특유의 우수성, 즉 한우고기만의 독특한 MAF 조성에 기인하지만, 필로는 여기에 그 맛을 내기 위한 한우농가들의 정성이 더해짐으로 진정한 한우고기의 맛이 완성된다고 믿는다. 즉, 세계적인 명품 소고기의 맛은 그냥 만들어지는 것이 아니라는 말이다.

실제로 세계에서 가장 맛있는 명품 '고급육'을 만들기 위해 우리나라 한우농장에서 쏟고 있는 노력은 가히 감동적이다. 세계적인 고급육이 되기 위해서는 유전적으로 좋은 한우의 자원을 확보해야 하고, 또 한우가 자라는 단계에 맞춰 최적의 사료를 먹여야 한다. 한우 수소

의 경우는 고급육으로 비육하기 위해 3~4개월령 송아지 단계에서 모두 거세를 실시하는데, 이렇게 하면 암소고기처럼 육질은 좋아지지만 성장이 더디어져서 28개월 이상 길러야 한다. 비육말기에는 생균제나 효소제를 첨가한 특수사료를 공급하고 매달 초음파를 찍어 등심근의 마블링 축적 정도를 체크하기도 한다. 이런 모든 노력들이 하나로 이어져서 세계 최고의 한우고기 맛이 만들어지는 것이다.

그런데 이렇게 맛있는 한우고기도 혼자 먹으면 그 맛을 제대로 음미할 수 없다. 같이 먹어야 더 맛이 좋기 때문이다. 그래서 필로는 한우고기를 먹을 때 절대 혼자 먹지 않는다. 물론 한우고기는 혼자서 먹어도 맛이 있지만 둘이 먹으면 더욱 맛이 있기 때문이다. 특히 사랑하는 가족이나 친구들과 함께 한우고기를 먹으면 그 맛이 몇 배나 증가한다. 그러나 아무리 한우고기가 맛이 있어도 관계가 좋지 않은 사람과 얼굴을 맞대고 먹고 있으면 그렇게 맛있게 느껴지지 않는다. 한우고기를 더욱 맛있게 먹기 위해서는 좋은 사람과 함께 먹는 것이 가장 중요하다는 말이다.

한우고기는 좋은 사람과 같이 먹으면 더 맛있는 것처럼 반드시 다른 좋은 식재료와 함께 먹어야 더욱 맛이 있다. 물론 한우고기는 그 자체가 맛이 있기 때문에 단지 소금에 찍어 먹기만 해도 충분히 맛이 있다. 하지만 그렇게 먹으면 금방 질려서 많이 먹을 수 없을 뿐만 아니라 건강에도 그리 바람직하지 못하다. 그러므로 한우고기의 맛과 영양을 더욱 증가시킬 수 있는 식재료와 함께 먹는 것이 현명하다.

예를 들어 음식점에서 한우고기를 구워 먹을 때도 상추나 깻잎에 싸서 마늘을 된장에 찍어 넣고 먹어야 맛있으며, 집에서 한우고기를 이용하여 요리를 만들 때도 버섯이나 감자 또는 당근과 같은 야채와 함께 만들어야 그 맛이 더욱 좋아진다. 또한 서양식 레스토랑에서 스테이크를 먹을 때도 삶은 브로콜리나, 으깬 감자, 살짝 데친 당근 또는 푸른 야채샐러드 등을 같이 먹어야 제맛을 음미할 수 있다. 물론 한우고기 장조림을 만들 때도 고추나 통마늘을 넣어야 하고, 한우고기 불고기도 버섯이나 야채를 넣고 같이 조리해야 맛도 좋아지고 건강에도 좋은 요리가 된다.

필로가 채식은 지독한 편식이지만 한우고기와 함께 하면 균형식이 된다고 하는 이유도 바로 여기에 있다. 한우고기는 항상 다른 식재료와 함께 먹을 수밖에 없기 때문이다. 거의 모든 음식전문가들도 한우고기는 항상 색깔이 있는 야채나 과일 등과 함께 요리를 해야 좋다고 말한다. 색이 좋은 식재료와 함께 조리된 한우고기 요리는 맛있게 보여 식욕을 자아낼 뿐만 아니라 몸이 요구하는 영양성분들이 골고루 들어가 건강에도 이롭기 때문이다. 특히 야채는 한우고기에는 부족한 비타민 C나 칼륨과 같은 미네랄, 그리고 섬유질이 풍부하기 때문에 한우고기와 함께 섭취하는 것이 영양학적으로 바람직하다. 그렇다고 모든 야채나 과일 또는 해산물 같은 식재료들이 한우고기와 잘 어울리는 것은 아니다. 소위 한우고기와 궁합이 맞는 식재료가 따로 있다는 소리다.

먼저 한우고기는 기본적으로 각종 향신채와 함께 조리하는 것이 좋다. 예를 들어 한우고기로 불고기를 만들 때는 기본적으로 마늘, 양파, 대파, 고추와 같은 향신채를 넣고 양념을 하는 것이 좋다.

마늘에 들어 있는 알리신 성분은 한우고기의 소화와 흡수를 도와 우리 몸의 에너지 대사를 활발하게 해주고, 양파와 대파는 칼슘과 인, 철분이 많고 비타민이 풍부하기 때문에 불고기의 영양가를 높여주고 맛을 좋게 해준다. 특히 양파와 대파를 넣고 고기요리를 하면 고기의 잡내를 없애는 것은 물론 고기의 풍미까지 높여준다. 또한 고추의 매운맛은 입 안과 위를 자극해 소화액의 분비를 촉진시키고 식욕을 돋

위주는 효과가 있다. 뿐만 아니라 신진대사를 활발하게 해 체액 분비가 왕성해지고 혈액순환을 원활하게 해주는 효과도 있다.

잘 숙성된 한우고기는 누구나 먹기에 적당한 연도를 자랑하지만 노인이나 어린이를 위한 요리에는 육단백질을 더욱 연화시키는 파인애플, 키위, 배, 사과 같은 것을 함께 넣어 조리하는 것이 권장된다. 그러나 연화력이 뛰어난 파인애플과 키위는 너무 많이 넣으면 고기가 흐물흐물해지므로 각각의 분량에 맞게 첨가하는 것이 아주 중요하다. 보통 한우고기 600g에 파인애플은 반쪽을 잘게 다져 즙과 함께 넣고, 키위는 1/4개를 넣어야 연육작용이 잘 되면서 소화에 도움을 준다. 사과와 배는 불고기, 갈비 등 주로 양념을 하는 요리에 즙을 짜서 넣는데 600g 기준으로 반쪽 정도를 갈아 즙을 짜서 넣으면 육질이 부드러워지고 풍미가 향상된다.

한우고기의 풍미를 살리기 위해서는 부추, 쑥갓, 버섯 등을 함께 섭취하는 것이 좋다. 토종의 참맛을 그대로 간직한 부추는 진한 향과 독특한 매운맛이 특징으로 한우고기와 잘 어울리는 식재료다. 부추는 솔잎같이 생겼다고 하여 솔잎부추, 실과 같이 생겼다 해서 실부추, 칼슘 비타민의 함유량이 많다 해서 영양부추라고도 부르며, 이런 부추들은 매운맛을 내는 알린이 풍부하고 향기가 일반 부추보다 진하다.

깻잎은 대표적인 쌈채소로 짙은 초록색의 향긋하고 은은한 향이 일품이다. 버섯은 향긋한 향이 진하고 맛도 좋아 한우고기 맛과 잘 어울릴 뿐만 아니라 섬유질과 항암효과가 있는 렌티난(lentinan)을 가지고 있어 콜레스테롤이 체내에 흡수되는 것을 억제해준다. 또한 버섯의 에리타데닌(eritadenine) 성분은 혈압을 떨어뜨리는 기능성을 가지고 있기 때문에 마블링이 많은 한우고기를 구워먹을 때 같이 먹으면 건강에 좋다.

한편 한우고기 중에는 종종 누린내나 잡냄새가 나는 것이 있을 수 있다. 이런 한우고기는 대부분 비육우로부터 생산된 고기가 아니라 송아지를 몇 배씩 출산한 고령의 암소고기나 거세하지 않은 황소고기로부터 생산되는 값이 저렴한 것들로 조리시 무조건 냄새를 없애는 것이 중요하다. 이런 불쾌취를 제거하는 데 효과적인 식재료로는 생강, 계피, 월계수, 녹차, 후추, 커피 등이 있다. 생강은 씻어서 통째로 찜요리에 쓰거나 편으로 썰어서 넣으면 잡냄새 제거에 효과적이며, 한우고기를 재는 양념에 곱게 다져 넣어도 좋다. 계피는 한우고기를 삶은 물에 넣으면 냄새를 잡아줄 뿐 아니라 강한 향미가 한우고기 속에 깊이

배어나 맛을 풍부하게 해준다.

한우고기의 누린내를 없애는 데 효과적인 월계수는 한우고기를 양념할 때 한두 장 넣고 함께 버무려주고 조리가 끝나면 바로 건져낸다. 녹차의 카테킨 성분은 잡냄새 제거뿐만 아니라 한우고기 지방의 흡수도 막아주는데, 녹차가루를 양념할 때 그대로 섞는다.

후추는 한우고기를 찌거나 삶을 때 약간만 넣어야 하는데, 너무 많이 넣으면 매운 후추 향이 남을 수 있어 좋지 않다. 인스턴트커피도 한우고기를 삶는 물에 한 숟가락 정도 넣으면 잡냄새도 없어지고 구수한 맛이 더해진다.

이처럼 맛있는 한우고기를 더욱 맛있게 먹기 위해서는 궁합이 맞는 식재료와 함께 먹는 것이 좋다. 하지만 한우고기는 궁합이 맞는 식재료와 같이 먹기 이전에 기본적으로 상추나 깻잎 같은 야채와 함께 먹어야 한다. 즉 마늘, 부추, 양파, 버섯 등이 선택사항이라면, 상추나 깻잎 같은 야채는 필수사항이라는 말이다. 특히 깻잎은 엽록소가 풍부하고 칼륨, 칼슘, 철분 등의 무기질 함량이 많은 대표적인 알칼리성 식품으로 한우고기와는 영양학적으로 상쇄되는 성분이 많아 함께 먹으면 최상의 조합이 된다.

한우고기를 야채와 함께 먹어야 하는, 아니 역설적으로 야채를 한우고기와 함께 먹어야 하는 기본적인 이유는 야채에는 항산화 효과가 좋은 비타민 E가 풍부하기 때문이다. 야채를 한우고기와 함께 먹어야 야채가 가지고 있는 비타민 E의 흡수와 이용이 효율적으로 이루어진다. 즉, 지용성 비타민인 비타민 E가 체내에서 흡수되기 위해서는 지방이 필요하고, 만약 지방과 함께 양질의 단백질이 있으면 체내의 여러 조직으로 수송이 활발해진다. 따라서 지방과 함께 양질의 단백질이 풍부한 한우고기야말로 야채 속에 들어 있는 비타민 E를 효율적으로 이용할 수 있는 최고의 식품인 것이다.

한우고기를 야채와 함께 먹어야 하는 또 다른 이유는 야채 속에 풍부한 식이섬유 때문이다. 일반적으로 식이섬유는 체내에서 소화효소에 의해 잘 소화되지 않는데, 수분을 흡수하여 변의 양을 늘림으로써 변비를 방지하고 장내의 노폐물을 원활하게 배설시키는 역할을 한다. 뿐만 아니라 식이섬유는 콜레스테롤, 지방 또는 당분 등도 흡착하여 배설시키는 역할을 하기 때문에 한우고기를 많이 먹을 때는 야채와 함께 먹는 것이 건강에 바람직하다. 특히 콜레스테롤 수치가 높은 사람이나 중성지방이 걱정되는 사람은 한우고기를 먹을 때 필히 야채와 함께 먹어야 한다.

야채의 식이섬유는 장내 환경을 좋게 하여 대장암의 예방효과도 있는 것으로 알려지고 있는데, 식이섬유는 야채 중에서도 상추, 깻잎, 오이 등에 많이 들어 있다. 일반적으로 생으로 먹는 야채보다 가열하여 먹는 녹황색 야채가 섬유질도 많을 뿐만 아니라 많이 먹을 수 있기 때문에 한우고기 요리에는 녹황색 야채를 이용하는 것이 좋다.

32. 39가지의 골라먹는 맛이 있는 한우고기
I LOVE HANWOO BEEF

자고로 우리 민족은 한우 한 마리를 잡으면 머리부터 꼬리뼈까지 단 한 점도 버리지 않고 모두 적절한 음식으로 만들어 먹었다. 그래서 우리나라는 세계에서 소고기를 가장 많은 부분으로 세분하여 먹는 나라로 유명하다. 필로는 우리 민족이 소의 부위를 120개로 분류하여 먹었을 정도로 미각이 발달한 민족이었다는 것에 자부심을 느낀다. 문헌에 보면 소를 우리보다 2번째로 많이 세분하여 먹은 민족은 동아프리카의 보디족으로 51개로 분류하여 먹었다고 한다. 반면 세계 최고의 미각을 가졌다고 자랑하는 프랑스는 겨우 35개로만 분류하여 먹었고, 일본은 단지 15개로 분류해서 먹었다.

이규태의 저서 〈한국의 음식〉에 보면, 한국인이 소의 부위를 어떻게 분류해 먹었는지에 대한 흥미로운 설명이 다음과 같이 되어 있다.

"등심, 안심, 갈비, 사태, 차돌박이, 제비추리 같은 살코기에 양, 간,

곱창, 염통, 콩팥, 혈액 외에도 내장, 우설, 머리, 꼬리, 우족뿐 아니라 도가니까지 발라내고 가죽에 붙은 수구레까지 긁어 먹으며 척추 뼈 속 등골까지 빼먹었다. 소의 쓸개 속에 병으로 생긴 덩어리인 우황까지 약으로 쓰고 쇠뿔속에 들어 있는 골질인 우각태까지 파내어 고아 먹었다."

이처럼 우리 민족이 한우고기를 다양하게 세분하여 먹었던 전통 때문인지 오늘날에도 한우고기는 여러 가지 부위로 나누어 먹고 있다. 우리나라 축산물가공처리법에 명시되어 있는 한우고기 대분할육은 모두 10개 부위로 나누고, 또 10개 대분할육을 세분한 소분할육은 모두 39개의 부위로 나눈다. 물론 이것은 사골, 양, 간과 같은 부산물들을 제외한 순살코기만을 분류한 것이다. 세계에서 공식적으로 소고기를 이렇게 많이 세분하여 먹는 나라는 대한민국이 독보적이다.

우리나라가 한우고기를 39가지로 구분하여 먹는다는 말은 역설적으로 우리나라 국민이 39가지의 소고기 맛을 구분할 수 있는 미각을 갖추고 있다는 것을 의미한다. 이 말은 그만큼 한우고기를 골라먹는 재미를 즐기고 있다는 말이기도 하다. 또 그렇게 한우고기를 세분하여 부위에 따라 조리방법을 달리해 가며 더욱 맛있게 먹고 있다는 것을 반증하는 것이기도 하다.

한우고기는 각 부위마다 근섬유 조성이 다르기 때문에 지방함량이나 육질의 차이가 큰 편이다. 예를 들어 꽃등심살은 근간지방과 몇 개의 근육이 대략 절반씩 섞여 있고 지방함량이 20% 정도로 매우 높지만, 안심살은 단일 근육으로 이루어져 있고 지방함량도 3% 내외 밖에 안 된다. 따라서 이 둘은 같은 조리방식으로 요리를 하는 것은 바람직하지 않은데, 보통 꽃등심살은 구이용으로 이용하고, 안심은 스테이크 요리에 이용하는 것이 좋다. 이처럼 한우고기를 더욱 맛있게 먹기 위해서는 부위별로 그 특성을 잘 파악하여 적절한 방법으로 조리하는 것이 매우 중요하다.

2012년도에 발간된 필로의 저서 〈고기수첩〉에 보면, 39가지의 한우고기 소분할육뿐만 아니라 사골, 꼬리, 양, 처녑, 벌집양, 홍창, 곱창, 대창, 간, 신장, 심장, 우설과 같은 부산물까지 각 부위별 특성과 조리법이 상세하게 설명되어 있다. 여기서 간략히 한우고기 10가지의 대분할육의 근육 특성과 조리용도에 대해 소개하자면 다음과 같다.

한우고기의 대분할육은 안심, 등심, 채끝, 목심, 앞다리, 우둔, 설도, 양지, 사태, 갈비 10가지로 나눈다. 이 10개 부위는 각각 그 육질이 매

우 다르기 때문에 각 부위에 적합한 조리방법으로 요리를 하여야 제 맛을 즐길 수 있다. 그런데 여기서 한 가지 꼭 집고 넘어가야 될 것이 있다. 현재 우리나라 시장에서는 위의 공식명칭이 제대로 지켜지지 않고 유사한 명칭이나 다른 명칭이 혼용되고 있어 많은 사람들을 혼란케 하고 있다.

특히 소분할육은 지금도 지역에 따라 새로운 용어들을 만들어 사용하고 있는데, 이것은 매우 잘못된 불법행위로 꼭 시정되어야 할 사항이다. 예를 들어 '낙엽살'이나 '안거미살' 또는 '볼기살'과 같은 용어는 정식 명칭이 아니다. 이렇게 무작정 새로운 용어를 만들어 사용하다보면 시장에 혼란이 오고 소비자들로부터 한우고기에 대한 불신을 불러일으킬 수 있다. 한우고기를 정식 명칭으로 불러야 하는 이유는 그래야 소비자들이 한우고기를 부위별로 제대로 알고 그에 맞는 조리법으로 더욱 맛있게 먹을 수 있기 때문이다.

한우고기 안심 부위는 소분할육으로 안심살 하나밖에 없다. 안심은 단일 근육으로 구성되기 때문이다. 채끝 밑 복강 쪽, 허리등뼈 끝자락의 복강 안쪽 부분에 붙어 있는 단일근육이다. 일반적으로 운동량이 많은 근육에서 생산된 고기는 질기고 거친 특성이 있는데, 안심살은 복강 안쪽에 위치하고 있기 때문에 운동량이 많지 않아 소고기 중 가장 부드러운 특성을 지닌다. 따라서 소고기 맛의 진수를 느낄 수 있는 부위가 바로 안심살이다. 안심살은 저지방으로 단백하기 때문에 다이어트 요리에도 좋으며, 주로 구이, 스테이크, 장조림 용도의 요리에 적합하다.

한우고기 등심 부위는 소의 등줄기를 따라 머리 쪽부터 윗등심살, 꽃등심살, 아래등심살로 나뉜다. 한우 등심근은 모양이 야구방망이처럼 생겼는데, 소의 머리 쪽이 가늘고 꼬리 쪽으로 갈수록 두꺼워진다. 따라서 윗등심살은 중앙에 있는 작은 등심근을 중심으로 여러 개의 근육이 구성되지만 아래등심살로 갈수록 등심근이 커지고 주변근육이 작아진다. 한우등심은 육색이 선홍색으로 좋고 고기의 결이 곱고 연하며 육즙이 풍부하다. 근간지방이 많지만, 각 근육 내에 근내지방도 많아 마블링의 풍미가 풍부하고 맛도 좋다. 따라서 생등심 구이나 스테이크용으로 적합하다.

한우고기 채끝 부위도 안심 부위와 마찬가지로 단일근육으로 이루어져 소분할육이 채끝살 하나밖에 없다. 채끝살은 소 허리 뒷부분에 있는, 즉 허리뼈 부위의 등심근으로만 구성되며 근섬유다발이 굵지 않아 고기의 결도 부드럽고, 근내지방이 근섬유 사이에 지나치지 않게 침착되어 있다. 채끝살은 적당히 구우면 풍부한 육즙과 마블링의 향미를 충분히 즐길 수 있지만, 근간지방이 많지 않기 때문에 너무 오래 구우면 퍽퍽해지거나 질겨질 수 있어 주의해야 한다. 외국의 경우는 주로 스테이크용으로 이용되는 부위지만, 우리나라에서는 산적이나 너비아니 구이에 이용해도 좋다.

한우고기 목심 부위도 소분할육이 목심살 하나밖에 없다. 그러나 목심살은 소의 목덜미 위쪽 부분으로, 운동량이 많은 7개 이상의 근육들로 이루어져 있다. 목심살은 근간지방이나 근내지방의 함량이 적고 근섬유다발이 다소 굵어 고기의 결이 부드럽지 않은 편이다. 반면 육단

백질의 함량이 높고 육즙도 풍부해 소고기 특유의 육향과 맛이 진하고, 씹으면 씹을수록 고소한 감칠맛이 우러난다. 목심살은 불고기 감으로 좋은 부위이지만, 장시간 천천히 삶아서 맛을 내는 탕, 전골 또는 국거리용으로 이용하기에도 최고의 소고기라 할 수 있다.

한우고기 앞다리 부위는 여러 개의 근육들이 뭉쳐 있어서 꾸리살, 부채살, 앞다리살, 갈비덧살, 부채덮개살 5개의 소분할육으로 분리된다. 앞다리 부위는 운동량이 많은 근육들로 구성되기 때문에 육색이 짙고 근막이나 힘줄이 많아 자칫 질긴 식감을 나타낼 수 있다. 하지만 육향이 짙고 장시간 가열가습처리하여 잘 요리하면 씹을수록 꼬들꼬들한 살코기의 맛이 우러나온다. 그러나 지나친 가열처리는 고기를 퍽퍽하고 질기게 만들기 때문에 주의해야 한다. 앞다리 부위는 주로 국거리용으로 적합하고 불고기용이나 산적용으로 사용하여도 좋다.

한우고기 우둔 부위는 우둔살과 홍두께살로 분리된다. 우둔 부위는 소의 엉덩이 안쪽에 위치한 근육들로 구성되며, 덩어리가 크고 마블링이 적은 살코기 위주로 되어 있다. 육색은 약간 짙은 진홍색을 띠며 근내지방의 함량이 적고 육단백질의 비율이 높은 편이다. 고기 덩어리가 큰 것에 비해 고기의 결이 거칠지 않고 굵은 근섬유들이 균일하게 연결되어 있으나, 고기 덩어리가 커서 부분마다 부드러움의 차이가 있다. 따라서 요리 용도에 따라 고기를 써는 두께에 주의해야 하며 불고기, 주물럭, 산적, 육포, 장조림 등 다양한 요리에 이용할 수 있다.

한우고기 설도 부위는 보섭살, 설깃살, 설깃머리살, 도가니살, 삼각살, 5개의 소분할육으로 구성된다. 설도 부위는 한우의 엉덩이 윗부분에서 뒷다리 바깥쪽 넓적다리를 구성하는 근육들을 포함한다. 비교적 힘을 덜 받는 근육덩어리로 전체적으로 육색과 육향이 진하지만 소분할육에 따라 고기의 결이나 근막의 정도 및 마블링의 상태 등 육질의 변이가 크다. 국거리용이나 불고기용으로 이용하는 것이 무난하지만 부위에 따라 육회용이나 장조림용으로 사용해도 좋다.

한우고기 양지 부위는 한우의 배를 구성하는 긴 부위로 양지머리, 차돌박이, 업진살, 업진안살, 치마양지, 치마살, 앞치마살, 총 7개의 소분할육으로 구성된다. 양지 부위는 워낙 많은 근육들로 구성되어 있고 근육 별로 육질의 차이가 크기 때문에 조리의 용도도 다양하다. 전체적으로 운동량이 많은 근육들이라 지방이 없고 질긴 특성을 가지고 있지만 육단백질의 향미가 강하다. 근섬유다발은 굵고 결이 일정하게 펼쳐져 있으며 결대로 잘 찢어지는 특성이 있다. 따라서 오래 끓여내는 요리에 이용하는 것이 좋으며, 육향이 워낙 좋기 때문에 각종 요리에 이용되는 육수를 만드는 데 양지 부위보다 좋은 부위는 없다. 양지 부위는 전골, 조림, 탕, 장조림, 국거리 등에 이용하는 것이 좋다.

한우고기 사태 부위는 크게 앞사태와 뒷사태로 구분되며, 앞사태에서 상박살이 소분할되고 뒷사태에서 아롱사태와 뭉치사태가 소분할된다. 사태 부위는 다리뼈를 감싸고 있는 정강이 근육들로 이루어져 있기 때문에 운동량이 많아 육색이 짙고, 근막이나 힘줄과 같은 결체조직의 함량이 높으며, 근섬유도 굵은 다발을 이루고 있어 고기의 결이 거친 편이다. 근내지방의 함량이 적고 근막이나 힘줄이 많기 때문에 콜라겐이나 엘라스틴 등과 같은 질긴 결체조직들의 함량이 높지만, 물에 넣고 약한 불에서 오래 가열하면 콜라겐 등이 젤라틴처럼 변해 부드러워진다. 따라서 가습, 가압, 가열처리를 하는 국거리, 찌개, 찜, 불고기 등에 이용하면 좋다.

한우고기 갈비 부위는 본갈비, 꽃갈비, 참갈비, 갈비살, 마구리, 5개 소분할육으로 구분된다. 한우는 모두 13개의 갈비뼈를 가지고 있는데, 이중 제1갈비뼈~제5갈비뼈를 분리 정형한 것을 본갈비, 제6갈비뼈~제8갈비뼈를 꽃갈비, 제9갈비뼈~제13갈비뼈를 참갈비라고 부른다. 일반적으로 갈비는 많은 근막으로 둘러싸여 있으며, 갈비에 붙어 있는 근육은 살코기와 지방이 3겹의 층을 이루는 조직으로 형성되어 있다. 겉을 감싸고 있는 질긴 근막들을 제거하고 정형한 갈비는 부드러운 듯 쫄깃한 저작감과 고소한 육향이 일품이다. 소분할육에 따라 조리의 용도가 달라 생갈비 구이, 찜갈비, 탕갈비, 육수용 등 다양한 요리에 이용할 수 있다.

　상술한 바와 같이 한우고기는 부위별로 특성에 맞는 조리방법으로 요리를 하여야 하는데, 그 이유는 한우고기의 지방이나 단백질 또는 비타민과 같은 영양성분들은 조리방법에 따라 그 함량이나 성질이 변하기 때문이다. 특히 조리방법에 따라 가장 변동이 심한 성분은 지방이다. 필로는 우리나라의 평균 한우고기 섭취량이 극도로 적은 점을 감안하면 한우고기 부위 중 지방이 많은 것도 의도적으로 피할 이유가 없다고 생각한다. 오히려 39가지의 부위별 특성에 맞는 조리를 통해 맛의 차이를 즐겨보는 것도 우리의 삶을 풍요롭게 만드는 좋은 방법이라고 믿는다.

33. 좋은 육질을 대변하는 한우고기의 색깔

I LOVE HANWOO BEEF

한우고기를 맛있게 먹기 위해서는 육질이 좋은 한우고기를 골라야 하고, 육질이 좋은 한우고기를 고르기 위해서는 육질에 대해 알아야 한다. 그런데 한우고기를 좋아하거나 또는 자주 많이 먹는 사람들 중에서도 한우고기의 육질에 대해 체계적으로 설명할 수 있는 사람은 그리 많지 않다. 심지어 한우고기 판매업에 종사하는 사람들조차 한우고기의 육질에 대해 잘못 알고 있는 경우도 많다. 따라서 일반인들은 물론 식육업계에 종사하는 사람들도 지금부터 필로가 설명하는 육질에 대해 알아두면 좋은 한우고기를 고르는 데 많은 도움이 된다.

일반적으로 소고기의 품질은 외관품질요인(AQT; appearance quality trait), 식감품질요인(EQT; eating quality traits) 및 신뢰품질요인(RQT; reliance quality traits)으로 분류된다.[1] 소고기의 구매시점에 소비자는 AQT와 RQT로 고기의 품질을 평가하는 반면, 실질적인 고기의 평가는 조리육의 EQT에 의해 이루어진다. AQT는 육색, 육즙의 양, 조직감, 마블링 등이며, EQT는 연도, 향미, 다즙성 등이고, RQT는 안전성, 영양성 및 특정 국가나 지역의 문화적, 인종적, 윤리적 가치관이 반영된 가격, 원산지, 가축정보, 브랜드 등이다.

이처럼 식육학계에서는 한우고기의 품질을 복잡하고 체계적으로 평가하지만, 보통 일반 소비자들은 단순히 한우고기의 색깔, 지방의 함량, 신선도, 조직감 등으로 쉽게 평가한다. 즉, 일반인들은 단순히 한우고기의 AQT나 EQT만 육질이라고 생각하지만 식육학자들은 AQT나 EQT에 영향을 미치는 다른 요인들까지 육질의 범주에 포함시키는 것이다. 하지만 필로는 일반 소비자들은 육질의 AQT나 EQT만 잘 알아도 시장에서 쉽게 좋은 한우고기를 고를 수 있다고 생각한다. 물론 육색, 풍미, 다즙성, 조직감, 마블링 등에 영향을 미치는 요인들에 대해서도 알아두면 더 좋은 한우고기를 고를 수 있다.

필로는 어떤 한우고기가 좋은 육질이냐의 결정은 식육학자나 한우의 생산자가 아닌 소비자들에 의해 이루어지는 것이 옳다고 믿는다. 즉, 학자나 생산자가 아무리 좋은 한우고기라고 규정하고 말해도 소비자가 좋아하지 않는 것은 좋은 한우고기가 아니라는 말이다. 따라서 모든 관점은 소비자의 입장에서 바라보아야 하는데, 필로가 관찰하고 연구한 결과, 일반 소비자들은 한우고기를 구입할 때 가장 먼저 고기의 색깔을 보고 좋은지 나쁜지를 판단한다. 그 다음으로 보는 것이 한우고기의 마블링이 어느 정도인지를 보고, 다음으로 고기에서 육즙이 많이 흘러나오는지 또는 고기가 흐물흐물거리지는 않는지를 중요하게 생각한다. 물론 이러한 판단을 하는 동안 원산지 표시나 도체등급 또는 생산이력정보 등을 참고자료로 이용하기도 한다.

따라서 육질이 좋은 한우고기를 고를 때 가장 중요한 것은 고기의 색깔, 즉 육색이 좋은 것을 골라야 한다. 필로는 한우고기의 육색을 한우고기의 얼굴이라고 말한다. 어떤 사람의 얼굴을 보면 그 사람의 성품을 대략적으로 알 수 있듯이, 한우고기의 육색을 보면 그 한우고기가 오랫동안 유통되지 않은 신선한 것인지 또는 다즙성이 좋아 맛이 좋을지, 결체조직이 많지 않아 질기지 않고 연한지 등을 추정할 수 있기 때문이다. 마치 사람 얼굴의 관상처럼 한우고기도 육색을 보면 전반적인 육질을 짐작할 수 있다는 말이다. 그러나 사람의 성품도 관상쟁이가 잘 맞추는 것처럼 육색도 그에 대한 정보와 이해도가 높은 사람이 육질을 잘 추정할 수 있다.

일반적으로 소고기의 육색을 보면 그 소고기를 생산한 소의 나이나 부위 등을 추정할 수 있다. 예를 들어 대략 28개월령 한우 비육우에서 생산되는 좋은 한우고기의 육색은 밝고 윤기가 나는 붉은 선홍색인데, 나이가 많은 소는 짙은 담적색이나 어두운 암적색의 소고기를 생산한다. 이 같은 현상은 소의 나이가 들수록 고기의 색을 결정하는 육색소인 마이오글로빈(myoglobin, Mb)의 함량이 많아지기 때문이다. 또 마이오글로빈은 산소의 소모량이 많은 근육, 즉 운동량이 많은 근육에 많기 때문에 사태가 등심보다 육색이 훨씬 짙다. 따라서 소고기의 육색이 짙으면 일반적으로 고기의 결이 거칠고 결체조직으로 이루어진 근막이 많아 소고기가 연하지 않고 근내지방의 함량도 적어 고소한

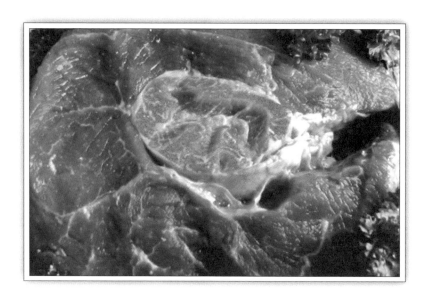

맛이 덜하다고 생각하면 그리 틀리지 않는다.

　따라서 한우고기는 각 부위의 육색에 따라 연도나 맛에 차이가 나타나는데, 각 부위의 육색은 한우고기를 구성하는 세포인 근섬유의 조성에 지대한 영향을 받는다. 즉, 한우고기를 구성하는 백색근섬유와 적색근섬유가 어떤 비율로 섞여 있냐에 따라 적색도의 차이가 결정되는 것이다. 일반적으로 살치살이나 채끝살처럼 적색도가 약하면 고기기 연하고 담백하지만 자칫 다즙성이 떨어질 수 있으며, 반대로 앞다리살이나 치마살처럼 적색도가 높아지면 고기는 쫄깃쫄깃해지고 맛이 풍부해지지만 자칫 질겨질 수 있다. 하지만 안심살이나 토시살처럼 복강에 노출되어 있는 부위는 운동량이 제법 있어 적색근섬유의 비율이 높지만, 단일 근육으로 이루어져 있기 때문에 표면의 근막을 제거하면 결체조직이 거의 없어 매우 연하고 맛도 깊고 풍부하다.

한편 소고기는 냉장고에 넣어두면 시간이 지나면서 육색이 점점 갈색으로 변하는데, 이는 마이오글로빈이 산화되기 때문에 발생하는 현상이다. 즉, 마이오글로빈은 화학적 상태에 따라 밝은 선홍색의 산소화마이오글로빈(OxyMb), 적자색인 환원마이오글로빈(DeoxyMb) 및 갈색인 매트마이오글로빈(MetMb)으로 존재하는데, 냉장상태로 보관하면 마이오글로빈이 산화되어 최종적으로 갈색의 매트마이오글로빈이 된다.

일반적으로 마이오글로빈의 화학적 상태에 따라, 즉 선홍색이나 적자색 또는 갈색에 따라 소고기의 육질이 크게 달라지는 것은 아니다. 하지만 문제는 한번 갈색화가 이루어지면 소고기는 외관상 부패된 것처럼 보이고, 실제 표면미생물의 수치도 높은 경우가 많다. 따라서 표면이 갈색으로 변한 소고기는 비록 연도가 좋고 맛이 풍부하더라도 신선도가 떨어져 좋은 소고기라고 할 수 없다.

그런데 보통 수입쇠고기의 경우는 아무리 빨리 국내 시장에 도착하여 판매진열이 된다고 할지라도 최소한 생산된 지 한 달 이상 되었다고 보아야 한다. 즉, 신선도라는 측면에서 보면 국내산 한우고기와 품질적으로 경쟁이 되지 않는다는 말이다. 한우고기를 냉동육으로 판매하지 않고 냉장육으로 판매하는 경우, 생산된 지 2주 이내에 판매가 완료되는 국내산 한우고기의 육색이 수입쇠고기에 비해 월등히 낫다는 것이다. 그럼에도 불구하고 수입쇠고기들 중에는 좋은 육색을 띠는 것들도 많은데, 그 이유는 크게 두 가지로 세심한 주의가 필요하다.

먼저 냉장수입쇠고기의 경우는 모두 진공포장을 하여 수입되는데, 그 이유는 진공포장을 하지 않으면 마이오글로빈이 산화를 일으켜 1주 이내에 육색이 갈색으로 변하기 때문이다. 따라서 진공포장을 하는 것이 필수인데, 진공포장을 하여 고기표면에 접촉하는 산소를 제거하면 마이오글로빈의 산화는 지연시킬 수는 있지만, 진공압에 의해 쇠고기 속에 들어 있는 육즙이 삼출되어 나오는 것을 피할 수는 없다. 특히 진공포장을 하여 장시간 냉장상태로 보관되면서 수입되어 유통되는 경우에는 삼출되는 육즙의 양이 많을 수밖에 없는데, 육즙이라는 것은 말 그대로 순수한 수분이 아니라 각종 미네랄이나 비타민 또는 마이오글로빈이나 효소 같은 수용성 단백질을 함유하고 있는 현탁액이다. 따라서 냉장수입쇠고기의 경우는 비록 육색이 나쁘지 않다고 할지라도 한우고기에 비해 영양성이 다소 부족할 수 있으며 맛도 덜할 가능성이 높다.

냉동수입쇠고기의 경우는 상황이 더 나쁘다. 마이오글로빈의 산화는 온도가 낮아지면 지연되는 것은 사실이지만, 그렇다고 완전히 억제되는 것은 아니다. 따라서 냉동시간이 길어지면 마이오글로빈의 산화는 어쩔 수 없이 발생될 수밖에 없다. 게다가 국내에 수입되어 판매되고 소비되는 과정에서 해동이 일어나면, 다량의 육즙이 밖으로 삼출될 수밖에 없다. 또한 필로가 연구한 바에 따르면, 마이오글로빈의 산화는 지방의 산화를 동반하기 때문에 냉동수입쇠고기의 경우 냉장으로 판매가 되는 국내산 한우고기에 비해 지방산화물을 많이 함유하고 있다고 봐도 크게 틀리지 않는다.

그런데 더 큰 문제는 이것이다. 우리나라에 쇠고기를 수출하는 미국이나 호주 같은 축산선진국들은 장시간 유통되어야 하는 자국의 수출쇠고기에 있어 육색의 중요성을 잘 알고 있으며, 그 육색이 마이오글로빈의 산화에 기인한다는 것도 너무나 잘 알고 있기 때문에 마이오글로빈의 산화를 지연하거나 억제하기 위해 항산화제를 사용한다는 점이다. 즉, 소의 비육말기 사료에 항산화력이 높은 비타민 E와 같은 물질을 첨가하여 급여함으로써 쇠고기에 비타민 E를 축적시켜 마이오글로빈의 산화를 억제하는 것이다. 비타민 E는 지용성 비타민이기 때문에 소의 근육에 잘 축적되며, 이렇게 근육의 세포에 축적된 비타민 E는 마이오글로빈의 산화뿐만 아니라 지방의 산화도 억제하는 효과가 있다.

여기서 필로가 수입쇠고기에는 비타민 E가 다량 축적되어 육색이 한우고기보다 나쁘지 않은 점이 문제라고 지적하는 것이 아니다. 비타민 E는 사람의 건강에도 좋은 물질이기 때문에 쇠고기에 많이 들어 있다고 해서 나쁠 이유는 하나도 없다. 문제는 국내 시장에서 그런 수입 쇠고기가 유통되면서 소비자들이 좋은 육색만 보고 구매했다가 큰 낭패를 볼 수도 있다는 사실이다. 즉, 육색이 갈색으로 변하는 마이오글로빈의 산화는 미생물의 성장과 크게 상관관계가 없기 때문에, 만약 비타민 E가 쇠고기에 다량 축적되어 있으면 쇠고기 표면에 미생물이 높은 수준으로 존재하고 있어도 육색은 밝은 핑크빛 선홍색을 유지할 수 있다. 이것을 극단적으로 말하자면 부패단계에 있는 쇠고기라도 육색은 좋을 수 있다는 점이다.

따라서 장시간 유통되어야 하는 수입쇠고기의 경우에는 육색이 나쁘지 않다고 할지라도 일단 주의를 하는 것이 좋다. 살다보면 인상은 좋은데 성품이 나쁜 사람을 만날 수도 있는 것과 같은 이치이다. 그러

나 반대로 인상은 나쁜데 성격이 좋은 사람도 있다. 한우고기로 치면 소위 암절단육(Dark-cutting beef)으로 불리는 육질이 바로 그런 경우이다. 암절단육은 보기에는 시커먼 암적색으로 맛이 없어 보이지만 사실 보수력이 좋아 다즙성이 뛰어나고 맛의 깊이도 깊고 풍부하다. 하지만 단점은 높은 pH 때문에 미생물의 성장이 빨리 이루어져 급속히 부패한다는 사실이다. 병을 가진 사람은 아무리 감추려 해도 얼굴에 병색이 드러나듯이 소고기도 육색에 육질의 모든 것이 드러나게 되어 있다고 보면 된다.

 각주

I LOVE HANWOO BEEF

1) Seon-Tea Joo, Control of Meat Quality(2011년, Research Signpost, India). 이 같은 식육품질요인 분류체계는 2013년 터키에서 개최된 세계식육과학기술학술대회(ICoMST)에서 발표되었다.

34. 연하고 부드러운
육질의 한우고기

I LOVE HANWOO BEEF

　고기박사 필로가 맛있는 소고기를 선택할 때 육색과 함께 가장 중요하게 고려하는 것은 연도와 마블링이다. 소고기는 적색근섬유의 비율이 높기 때문에 돼지고기나 닭고기와 달리 질긴지 안 질긴지가 육질을 결정하는 가장 중요한 척도가 되기 때문이다. 상대적으로 백색근섬유의 비율이 높은 돼지고기나 닭고기는 연도보다 보수력이 더 육질에 중요하다. 즉, 돼지고기나 닭고기는 고기가 퍽퍽한지 안 퍽퍽한지가 중요하지만 소고기는 무조건 연해야 좋은 육질이다. 소고기는 일단 질기면 육색이나 풍미가 아무리 좋아도 좋은 육질이라고 하지 않기 때문이다.

　소고기의 연한 정도, 즉 연도는 고기 속에 근막과 같은 결체조직의 함량에 따라 결정적인 영향을 받는다. 또한 고기를 구성하는 기본 세포인 근섬유의 단축정도나 근섬유막 사이에 축적되는 근내지방, 즉 마블링의 정도에 따라서도 연도가 영향을 받는다. 따라서 한우고기가 수입쇠고기보다 연한 이유는 결체조직의 함량이 적고, 육단백질의 상태나 마블링이 우수하기 때문이라고 설명될 수 있다.

최근 필로의 연구실에서는 한우고기와 호주산 수입쇠고기의 등심과 홍두깨살을 무작위로 샘플링하여 연도를 측정해 보았는데, 예상대로 한우고기가 수입쇠고기에 비해 더 연한 것으로 나타났다. 시료로 사용한 소고기는 동일한 조건에서 비교하고자 냉동육과 냉장육으로 구분하여 측정하였는데, 등심과 홍두깨살 모두 냉동이나 냉장에 관계없이 수입쇠고기가 한우고기에 비해 질긴 것으로 나타났다.

필로는 수입쇠고기가 한우고기에 비해 육질이 질긴 근본적인 이유는 호주나 미국의 소사육 시스템 때문이라고 생각한다. 즉, 대규모 공장식 축산으로 소를 사육하는 미국이나 호주는 워낙 사육하는 소가 많기 때문에 개체관리가 원천적으로 불가능하다. 예를 들어 도축하는 소도 이빨의 상태를 보고 나이를 추정하여 선별한다. 따라서 30개월령이라고 하더라도 정확한 나이가 아니고 추정치이며 방목으로 인해 운동량이 많아 근육내 결체조직의 함량이 높을 수밖에 없다.

하지만 대규모 공장식 축산이 원천적으로 불가능한 한우의 경우는 사육하는 전두수를 개체관리를 한다. 통계청 자료에 따르면, 2013년 3월 현재 우리나라에서 사육하고 있는 한우의 총두수는 293만두인데 한우사육 농가의 수는 141,495호다. 한우농가 중 100두 이상 사육하는 농가는 고작 4%에 불과하고, 20두 미만으로 사육하는 농가가 73%를 차지하고 있다. 한 농가당 20두 미만으로 사육하면 주인은 자신이

키우는 한우의 얼굴을 한 마리, 한 마리 전부 기억할 수 있다. 즉, 한우는 생년월일부터 출하일까지 나이가 아니라 정확히 날짜까지 기록이 가능한 사육시스템이라는 말이다.

대규모 축산을 하는 미국과 호주의 경우는 소들이 사료를 무엇을 어떻게 얼마큼 섭취하는지도 관리가 안 된다. 하지만 우리 한우의 경우는 매일 어떤 사료를 얼마큼 먹는지 하나하나 기록으로 남긴다. 소의 운동량도 마찬가지다. 저쪽은 관리가 안 되지만 우리는 관리를 한다. 그러니 근육에 축적되는 결체조직의 양이 다를 수밖에 없다. 게다가 철저한 관리 시스템으로 사육되는 한우는 도축월령이 비슷하기 때문에 고기 속의 결체조직의 함량도 변이가 거의 없지만, 관리가 되지 않는 수입쇠고기는 개체마다 결체조직의 함량도 천차만별이다. 한우 고기가 수입쇠고기보다 고르게 연하다는 말이다.

소고기의 연도는 결체조직의 함량뿐만 아니라 육단백질의 상태에 의해서도 크게 좌우된다. 즉, 소의 근육은 도축 후 24시간이 되면 사후 강직 현상으로 단축되어 굳어지기 때문에 매우 질겨진다. 이렇게 고기가 단축되고 굳어지면 식용으로 사용하기 부적합하기 때문에 숙성을 요한다. 즉, 냉장상태로 일주일 정도 보관하면 근육 속에 있는 단백질 분해효소들이 굳어버린 육단백질을 분해하여 고기가 연하게 된다. 따라서 소고기는 도축 후 일주일 정도 냉장상태를 유지하면서 보관하여 판매하는 것이 무척 중요하다.

그러나 우리 모두가 알고 있다시피 수입쇠고기의 대부분은 냉동육으로 들어온다. 수입쇠고기의 냉동육과 냉장육의 비율은 대략 80대 20이다. 이렇게 냉동육으로 수입되는 수입쇠고기는 숙성이라는 개념이 생략되기 쉬우며, 더 큰 문제는 조리를 위해 해동을 하게 되면 과량의 육즙이 고기로부터 빠져나와 고기가 질겨지고 퍽퍽해진다는데 있다. 냉동육의 육질이 냉장육과 비교가 되지 않는다는 것은 우리나라에서도 이제 상식으로 통한다.

그렇다고 냉장육으로 수입되는 수입쇠고기라고 해서 괜찮은 것도 아니다. 수입쇠고기가 냉장육으로 우리나라에 들어오기 위해서는 진공포장이라는 방법으로 고기를 포장하지 않으면 안 된다. 그러나 진공포장은 진공압이라는 물리적인 힘에 의해 고기 속에서 육즙이 빠져나올 수밖에 없고, 빠져나오는 육즙의 양은 진공상태가 길어질수록 많아진다. 따라서 진공포장된 수입쇠고기가 우리나라에서 판매되기까지 한 달 정도 소요된다고 봤을 때, 신선냉장육으로 2주 이내에 판매되는 한우고기에 비해 훨씬 많은 육즙이 빠져나오는 것은 당연지사다. 다시 말하지만 고기 속에서 육즙이 빠져나오면 고기는 퍽퍽해지고 질겨진다.

그런데 진공포장 수입쇠고기의 문제는 과량의 육즙삼출에 국한되지 않는다. 원래 쇠고기의 숙성은 길어야 2주 이내가 적당하다. 그러나 진공포장 상태로 한 달 이상 냉장상태로 보관되면 과숙성이 일어난다. 이렇게 과숙성이 일어나면 진공포장 내에서 혐기성 미생물들이 자라면서 각종 바이오제닉 아민(biogenic amine)들도 많이 생성되는데, 이러한 바이오제닉 아민들을 장기간 섭취하게 되면 건강에 해가 될 수도 있다. 필로는 이런 과숙성에 따른 바이오제닉 아민의 생성이 연도를 과하게 증진시키는 것보다 더 큰 문제라고 생각한다.

한편 쇠고기의 연도는 고기 속에서 물이 빠져나오는 육즙감량과 밀접한 관련이 있는데, 육즙감량은 고기의 보수력에 의해 영향을 받는다. 고기의 보수력이란 고기가 내부적 또는 외부적 환경변화에 상대하여 자체 내에 가지고 있는 물을 지키려고 하는 능력을 말한다. 따라서 보수력이 나쁜 쇠고기는 가만히 놓아두어도 표면에서 물이 질질 흘러나온다.

일반적으로 쇠고기의 보수력은 육색과도 높은 상관이 있지만, 특히 다즙성, 조직감, 연도 등과 매우 밀접한 상관관계가 있다. 그래서 만약 외관적으로 쇠고기의 육질을 평가하는 기준이 육색이라면, 보수력은 실제적이고 직접적으로 육질을 평가하는 기준이라 할 수 있다. 즉, 보수력이 육색보다 더 쇠고기의 맛에 영향을 미친다는 말이다.

　쇠고기의 약 70~75%를 차지하고 있는 수분은 영양학적으로는 큰 가치가 없지만 많은 성분들을 용해시켜 포함하고 있으므로, 그 함량 및 화학적 상태는 쇠고기의 수율, 육색, 저장성 같은 신선육의 특성뿐만 아니라 향미, 연도, 다즙성, 조직감, 맛과 같은 조리육의 특성에도 지대한 영향을 미친다. 즉, 많은 양의 육즙이 빠져나온 쇠고기는 조리를 하더라도 고기가 퍽퍽하고 질기며 맛이 없다. 그래서 정육점에서 쇠고기를 구매할 때는 고기를 담고 있는 쟁반에 빨간 육즙이 고여 있거나 표면에 물기가 많은 것은 피하는 것이 좋다.

　그런데 위에서 살펴본 바와 같이 수입쇠고기는 대부분 냉동육으로 들어오기 때문에 해동시 육즙감량이 많을 수밖에 없으며, 진공포장 냉장육으로 들어온다고 해도 장시간 진공압에 의한 과량의 육즙감량을 피할 수 없다. 그러므로 어떤 이유든지 간에 대한민국에서 수입쇠고기는 한우고기에 비해 연도와 맛이 좋을 수가 없다는 것이 필로의 생각이다.

한편 필로처럼 고기박사들은 소고기 표면의 조직감을 보고도 맛이 좋은 소고기인지 아니면 맛이 나쁜 소고기인지를 한 눈에 알 수 있다. 건강한 사람의 피부가 탄력적이고 피부의 결도 부드러운 것처럼 맛이 좋은 소고기도 표면이 탄력적이고 결도 부드럽기 때문이다. 외관상으로 나타나는 소고기 표면의 조직감은 소고기의 미세구조나 조직의 상태 또는 구성성분 등에 영향을 받아 종합적으로 나타나는 것이기 때문에, 소고기의 조직감은 육질의 상태를 대변한다고 할 수 있다.

소고기를 생산하는 소의 근육은 근섬유라는 세포들의 집합체라고 할 수 있다. 근섬유는 마치 실지렁이처럼 가늘고 긴 모양인데, 이러한 근섬유들이 50~150개 정도가 다발로 묶여 작은 근속을 이루고, 다시 작은 근속들이 10개 정도 모여 큰 근속을 만들고, 이런 작고 큰 근속들 여러 개가 하나로 묶여 하나의 근육을 형성한다. 그런데 근섬유나 근속 또는 근육을 감싸고 있는 막들은 결합조직으로 이루어진 막조직으로, 이 막조직의 상태에 따라 소고기의 조직감도 달라진다. 즉, 소고기 속의 막조직이 물리적으로 또는 생화학적인 이유로 손상을 받으면 고기 속에 있는 많은 양의 육즙은 밖으로 삼출되고, 그러면 고기는 다즙성이 떨어져 퍽퍽해지고 질겨지게 된다.

일반적으로 소고기의 조직감은 막조직의 상태나 두께뿐만 아니라 단위면적당 근섬유의 밀도에 의해서도 크게 영향을 받는다. 즉, 소고기의 결이 거친 것은 개개의 근섬유가 굵어 밀도가 낮은 반면, 고기의 결이 부드러운 것은 근섬유가 가늘어 밀도가 높다. 그런데 운동량이 많은 근육은 근섬유가 굵고 운동량이 적은 근육은 근섬유가 가는 특성을 보인다. 따라서 정강이로부터 생산되는 사태살이나 허벅지로부터 생산되는 설깃살 같은 부위는 근섬유가 굵고 막조직도 두꺼워 고기의 결이 거칠지만, 운동량이 적은 등심이나 안심은 근섬유가 가늘고 막조직도 얇아 고기의 결이 부드럽다.

그런데 한우처럼 철저한 관리를 하지 않고 미국이나 호주처럼 대규모로 소를 몰고 다니면서 키우면 운동량이 많아져 고기의 결이 거칠어질 수밖에 없다. 게다가 소는 나이가 많아질수록 근섬유의 수가 줄어들고 결합조직의 막도 질겨져 고기의 결이 거칠어지기 때문에 적정 도축 나이가 지나면 고기의 결이 거칠어진다. 한우처럼 철저하게 출하 일령을 지키는 것이 부드러운 육질의 소고기를 얻을 수 있다는 말이다. 또 일반적으로 수소의 근육이 암소보다 결이 거친 고기를 생산하기 때문에 수소를 비육우로 사육할 경우는 거세를 해야 부드러운 고기의 결을 가진 소고기를 얻을 수 있다. 그런데 우리의 한우고기는 수입쇠고기와 달리 거의 대부분이 26~30개월령의 거세비육우에서 생산되기 때문에 크게 걱정하지 않아도 된다.

35. 신선한 냉장육으로 판매되는 한우고기

I LOVE HANWOO BEEF

　　대한민국 고기전도사 필로가 사람들에게 한우고기에 대해 강연을 하고 나면 꼭 물어보는 것들이 있는데, 그건 바로 "그럼 어떤 한우고 기가 맛있는 고기인가요?" 또는 "그럼 어떤 한우고기 부위가 건강에 가장 좋은가요?" 또는 "그럼 한우고기를 하루에 어느 정도 먹는 것이 좋은가요?" 같은 질문들이다. 즉, 한우고기가 건강에 이롭다는 것은 알겠는데, 어떤 것을 어느 정도 먹어야 좋은지를 가르쳐 달라는 것이 다.

　　필로는 이런 질문을 받을 때마다 한 마디로 정답을 말할 수 없어 곤 혹스러운데, 그 이유는 사람의 입맛이란 제각각 다르고 또 각 사람마 다 건강의 상태나 식습관이 달라 정답이 있을 수 없기 때문이다. 따라 서 굳이 답을 해달라면 각자 알아서 입맛에 맞는 한우고기 부위를 골 라 적당히 먹는 것이 좋다는 궁색한 답변을 할 수밖에 없다.

　하지만 그렇다고 어떤 한우고기가 좋으냐는 질문의 모범정답이 없는 것은 아니다. 만약 필로처럼 고기박사가 아니기 때문에 좋은 육질의 한우고기를 직접 고를 자신이 없다면, 사회적으로 인정하고 있는 보편타당한 기준을 이용하여 한우고기를 구입하면 된다. 바로 축산물 등급제도가 그것인데, 식육판매점에서 판매되는 모든 한우고기에는 등급판정 결과가 부착되어 있다.

　소고기 등급판정이란 잘 훈련된 등급사가 도축이 완료된 한우고기에 대해 품질을 평가하고 인정한 것이다. 따라서 사람마다 한우고기의 육질에 대한 호불호가 다르겠지만, 소고기 등급판정 제도는 우리나라 사람들의 평균적인 선호도를 충분히 반영하여 만들어졌기 때문에, 그 판정결과를 신뢰하고 한우고기를 구입하면 크게 틀리지는 않는다. 참고로 우리나라 소고기 등급판정은 육질등급과 육량등급으로 나누고 육질은 1^{++}등급, 1^{+}등급, 1등급, 2등급, 3등급으로 판정한다.

그러나 수입쇠고기의 경우는 상황이 조금 다르다. 물론 수입쇠고기도 종류에 따라 수출국에서 인정한 등급판정 결과를 제시하기도 하지만, 그들의 등급판정 결과가 독특한 한우고기 소비문화를 가지고 있는 우리나라 사람들에게 신뢰감을 줄지는 미지수다. 즉, 쇠고기 등급판정 제도라는 것이 각 나라마다 차이가 있어 어떤 나라에서는 좋다고 하는 육질이나 부위를 다른 나라에서는 썩 좋지 않게 평가하기도 한다. 또 쇠고기의 품질이란 어떤 사회의 전통적인 식습관이나 지역적 특성에 따라 천차만별로 평가될 수도 있다. 따라서 우리나라에 쇠고기를 수출하는 국가에서 좋은 등급으로 평가받은 쇠고기가 우리나라 사람들의 입맛에 적합하지 않을 개연성도 충분히 있기 때문에 수입쇠고기를 구입할 때는 세심한 주의가 요구된다.

필로는 한우고기를 구입할 때 가장 중요하게 생각하는 것 중 하나가 신선도이다. 아무리 맛있는 한우고기라 할지라도 유통기간이 길어지면 맛없는 고기가 될 뿐만 아니라 심지어 못 먹는 고기가 될 수도 있기 때문이다. 따라서 한우고기는 신선한 것을 구입하는 것이 무엇보다 중요하고, 또 구입한 한우고기는 가급적 빠른 시간 내에 조리를 해먹는 것이 무척 중요하다. 하지만 살다보면 뜻대로 되지 않는 경우도 많듯이 구입한 한우고기를 모두 조리하지 못하고 남기는 때도 있는데, 이렇게 남은 고기는 육질의 손실을 최대한 줄일 수 있는 방법으로 처리하여 가급적 낮은 온도에 보관을 하는 것이 좋다.

한우고기는 적색근섬유 비율이 돼지고기나 닭고기에 비해 높기 때문에 세균감염이나 부패속도가 느린 편이지만 그렇다고 안심해서도 안 된다. 즉, 한우고기를 구입할 때는 한 번에 먹을 만큼만 구입하는 것이 좋다. 특히 다짐육은 냉동보관해도 쉽게 부패하므로 양념을 하거나, 아니면 너비아니나 불고기를 만들어 한번 익힌 다음에 보관하는 것이 좋다. 만약 냉장보관을 한다면 얇게 썬 한우고기는 2~3일, 덩어리 고기는 1주일을 넘기지 않아야 하며, 반드시 랩으로 싸서 세균감염이나 갈변을 억제하는 것이 좋다. 냉동보관은 1회분씩 랩에 싸서 보관하는 것이 지혜로운 방법인데, 이때 한우고기 표면에 식용유를 살짝 발라 주면 산패를 지연시키는 효과를 볼 수도 있다.

보통 사람들은 한우고기를 별다른 생각 없이 구입하여 먹지만, 사실 한우고기는 대단히 미묘한 생물로서 마치 살아있는 것처럼 조금씩 품질이 변한다. 예를 들어 영하 20℃에 보관된 한우고기는 전혀 변화가 없는 것처럼 보이지만 사실은 내부적으로 조금씩 변화를 일으키고 있으며, 그 결과 6개월 정도가 지나면 지방의 산화에 의한 산패취 때문에 먹을 수 없을 정도로 상태가 나빠진다. 냉동육이 이럴진대 냉장육의 급속한 품질 변화는 두말 할 필요가 없다. 보통 한우고기는 냉장고에 넣어두면 1주일 후에는 부패가 시작되어 먹을 수 없게 되기 때문에 냉장으로 장시간 보관하기 위해서는 진공포장과 같은 특별한 보관방법이 필요하다.

따라서 신선한 한우고기를 구입하고자 한다면 가급적 진공포장을 하지 않은 냉장육을 구입하는 것이 좋다. 진공포장을 하지 않으면 한우고기를 1주일 이상 냉장상태로 진열하면서 판매할 수 없기 때문이

다. 필로가 진공포장하지 않은 한우고기가 좋다고 말하면 많은 사람들
이 깜짝 놀라는데, 그 이유는 진공포장하지 않은 냉장육은 위생적이지
않다고 생각하기 때문이다. 하지만 이것은 고기를 진공포장하는 진정한
목적과 의미에 대해 잘못 교육을 받은 결과, 오해를 하고 있는 것이다.

소고기를 진공포장했다는 의미는 오랫동안 냉장상태로 유지하면서 유통과 판매를 하겠다는 의도이다. 따라서 소비자 입장에서 보면, 신선한 한우고기의 구입과 진공포장 냉장육과는 다소 거리가 있는 이야기가 된다. 그러나 대한민국은 국토가 좁을 뿐만 아니라 이제는 현대적 냉장유통시스템도 잘 갖춰져 있어, 굳이 진공포장을 하지 않더라도 냉장육으로 한우고기를 1주일 이내에 모두 판매할 수 있다. 그러므로 대한민국 소비자들이 진공포장하지 않은 국내산 한우고기를 신선한 냉장육으로 구입할 수 있다는 것은 행복한 일이 아닐 수 없다.

필로는 우리나라의 거의 모든 사람들이 고기는 진공포장한 것이 위생적으로 안전하고 육질이 좋은 것이라고 믿고 있는 것에서 '교육의 무서움'을 느낀다. 누가 우리나라 사람들이 그렇게 믿도록 교육시켰는가? 그건 바로 우리나라에 냉장육으로 쇠고기를 수출하고자 했던 미국 같은 축산선진국들이었다. 냉동육과 냉장육의 육질 차이는 하늘과 땅 차이만큼 크며, 따라서 그들은 좋은 육질을 유지하는 냉장육으로 바다를 건너 수출하기를 원했고, 그러기 위해서는 진공포장 이외에 그 어떤 방법도 없었다. 그러나 지금으로부터 약 25년 전만 해도 우리나라는 모든 고기가 냉동육으로 팔리고 있던 시기라 냉장육에 대한 개념도 부족했고, 시설도 열악했다. 그래서 그들은 냉장육의 장점과 더불어 안전성 확보를 위한 진공포장의 필요성에 대해 적극적으로 홍보했다.

필로도 한우고기를 장기간 냉장육으로 보관하기 위한 가장 좋은 방법이 진공포장이라는 것에는 큰 이의가 없다. 하지만 그렇다고 진공포장이 함기포장(단순히 비닐포장지에 한우고기를 넣고 포장하는 것)보다 한우고기를 냉장육으로 보관하기 위한 최고의 방법이라는 뜻은 아니다. 진공포장을 하면 포장용기 내에 산소의 부재로 호기성 미생물이 자라지 못해 부패가 억제되는 것은 확실하지만, 진공압에 따른 육질의 손실은 막지 못하기 때문이다. 특히 강한 진공압에 따른 육즙의 삼출은 한우고기의 육질에 결정적인 영향을 미친다. 앞에서 설명한 바처럼, 한우고기에서 육즙이 빠져나오면 고기는 퍽퍽해지고 맛이 없어진다. 게다가 아무리 진공포장을 해도 유통시간이 1주일이 넘어가면 혐기성 미생물의 성장이 이루어지는 것을 막을 수는 없다. 따라서 한우고기를 1주일 이상 냉장으로 보관하지 않을 것이라면 진공포장을 하지 않는 것이 육질을 망치지 않는 좋은 방법이 된다.

그래서 필로는 미국같이 땅덩어리가 큰 나라나 또는 바다를 건너 수출을 하여야 하는, 즉 장시간 냉장육으로 유통하여야 할 경우가 아니라면 진공포장보다 함기포장이 한우고기의 육질을 망치지 않고 신선한 상태로 판매할 수 있는 가장 좋은 방법이라고 주장한다. 물론 이 경우에 선행되어야 할 사항은 위생적인 도축과 가공, 그리고 식육판매점까지 유통되는 동안 철저한 냉장유통시스템이 구축되어 있어야 한다.

그런데 21세기 대한민국의 도축시스템과 냉장유통시스템은 축산선진국들과 비교해도 손색이 없을 정도로 현대화되어 있고, 세계적으로 식품의 안전성을 가장 철저히 확보할 수 있다는 HACCP 제도도 운용하고 있다. 따라서 대한민국의 한우고기 중 많은 양이 수입쇠고기처럼 진공포장을 하지 않고 함기포장 냉장육이나 비포장 냉장육으로 판매된다. 많은 대한민국 한우고기가 함기포장 또는 비포장으로 좋은 육질을 유지하면서 냉장육으로 판매될 수 있는 이유는 1주일 이내에 판매가 완료될 수 있기 때문이다. 이 말은 대한민국의 한우고기는 그만큼 신선한 소고기라는 의미이다.

진공포장의 장점을 홍보하는 사람들은 소고기는 숙성이 되어야 맛있고, 숙성이란 장시간 냉장보관을 요하며, 장시간 냉장보관을 하기 위해서는 진공포장이 필수라고 말한다. 그러나 이것 또한 숙성에 대한 이해가 부족해서 하는 말이다. 소고기는 1~2주일 정도면 숙성이 완료된다. 그 이상 냉장상태로 보관되면 과숙성이 일어난다. 게다가 장시간 진공포장으로 과도한 육즙삼출이 일어나 고기가 다즙성이 떨어져 퍽퍽해질 수 있다.

따라서 필로의 결론은 이렇다. 우리나라에서 맛있는 소고기를 구입하려면 진공포장하지 않은 냉장육을 찾아야 한다. 냉장상태로 수입된 쇠고기처럼 강한 진공압으로 진공포장되어 있는 것은 다량의 육즙이 삼출되어 다즙성이 떨어져 맛이 없기 때문이다. 더구나 국내에 도착한 냉장수입쇠고기는 최소한 한 달 이상 냉장보관되었다고 봐야 하기 때문에 숙성이 과도하게 이루어졌다고 보는 것이 타당하다. 그러므로 대한민국에서는 특별한 포장을 하지 않고 1주일 이내에 판매가 이뤄지는 대한민국 한우고기를 구입해서 먹는 것이 맛도 좋고 건강에도 좋다는 것이 고기박사 필로의 생각이다.

36. 우리 입맛엔 딱 맞는 한우고기

I LOVE HANWOO BEEF

한우는 우리 조상 대대로 귀하게 여긴 소였기 때문에 한우고기는 여타 다른 고기와는 품격이 다르게 취급되었다. 한우고기는 특별한 날에만 맛볼 수 있는 귀한 음식으로, 우리 조상들은 한우 한 마리를 잡으면 단 한 부분도 허투루 버리지 않고 모두 먹었다. 특히 살코기는 갖은 양념을 하여 숯불에 구워 먹는 것을 즐겨하였다. 너비아니, 가리구이 등이 근대 이전에 우리 민족이 즐겨 먹던 한우고기 조리법으로 오늘날 떡갈비나 불고기로 발전되었다.

필로는 한우고기가 우리의 입맛에 딱 맞게 된 이유 중 하나가 우리 조상들의 한우고기 조리법에 있다고 본다. 즉, 조선시대 조리서인 〈규합총서〉나 〈시의전서〉 등을 보면 소고기를 '갖은 양념'을 하여 재워 구워 먹는 것으로 나오는데, 이 '갖은 양념'에 우리 입맛의 비밀이 들어 있다고 생각한다. 간장, 소금, 마늘, 파, 고춧가루, 참기름, 깨 등을 섞어서 만든 양념으로 재운 한우고기의 맛은 지금까지 우리 입맛에 스며들어 있기 때문이다.

물론 오늘날 우리가 한우고기로 불고기나 떡갈비를 만들어 먹을 때도 우리 조상이 사용하였던 '갖은 양념'이 한우고기의 맛을 받쳐준다. 하지만 입맛은 길들여지듯이 시간이 흐르면서 한우고기가 우리 전통의 갖은 양념과 잘 어울리게 변천되었을 수도 있다. 우리의 식문화에 맞게 한우고기의 맛도 진화했을 것이란 추정이 가능하다는 말이다.

실제로 한우고기에는 올레인산이 수입쇠고기보다 많이 들어 있다. 한우고기 마블링을 형성하고 있는 지방의 지방산 비율 중 올레인산은 48%를 차지하는데, 미국산은 42%, 호주산은 32%, 뉴질랜드산은 31%에 그친다. 소고기에 올레인산이 많은 것을 맛있게 느끼는 한국인의 입맛에 맞게 한우를 비육해 온 결과인 것이다.

일본의 화우고기와 우리의 한우고기는 둘 다 마블링이 우수하지만 저작감이 다르므로 맛도 다르게 느껴진다. 보통 우리나라 사람들은 소고기는 약간 씹히는 맛이 있는 것을 좋아하는데, 일본의 화우고기는 씹힘성이 좀 부족하다. 일본 사람들은 쇠고기를 먹을 때 입술을 닫고 오물오물거리며 씹기 때문에 씹힘성을 그다지 좋아하지 않는다. 그래서 화우고기도 그네들의 표현에 의하면 입안에서 사르르 녹는 방향으로 발전시켰다. 하지만 우리의 한우고기는 마블링이 우수하면서도 씹힘성이 남아 있는 방향으로 발전하였다.

그런데 소고기의 맛은 기본적으로 원료육의 화학적 구성성분에 의해 결정되지만 꼭 그런 것만은 아니다. 즉, 소고기의 화학적 구성성분의 상태나 함량의 변화에 따라 맛이 달라질 수 있다. 그래서 소고기는 냉동육보다 냉장육이 맛있고, 장기간 보관된 것보다 신선한 것이 더 맛있다.

따라서 소고기를 맛있게 먹기 위해서는 신선한 냉장육을 구입해서

바로 조리해서 먹는 것이 가장 좋다. 그러나 어쩔 수 없이 소고기를 장시간 냉장고에 보관할 경우도 있는데, 그럴 경우에는 급속히 냉동시켜 보관하는 것이 좋다. 그러나 소고기를 냉동보관하였다고 해서 육질이 무한정 변하지 않는 것은 아니다. 특히 소고기 속에 들어 있는 지방은 영하 20도 이하의 냉동온도에서도 산화가 서서히 발생하고, 6개월 이상 경과되면 극심한 산패취를 발생하여 도저히 먹을 수 없는 지경에까지 이른다. 따라서 소고기를 냉동시켜 놓았다고 하더라도 가급적 빠른 시간 내에 조리해서 먹는 것이 좋다.

소고기를 얼리지 않고 냉장육으로 먹어야 맛이 있는 기본적인 이유는 냉동육은 조리를 위해 열을 가하면 많은 양의 육즙이 밖으로 삼출되어 나오기 때문이다. 즉, 소고기를 얼리면 세포 내의 수분이 얼음 결정으로 변하면서 부피가 커지고, 그 결과 세포를 감싸고 있는 얇은 막조직이 파괴된다. 따라서 소고기가 동결되어 있는 상태에서는 별 문제가 없지만 조리를 위해 해동시키거나 열처리를 가하면 세포 안에 있는 수분이 자유롭게 밖으로 나오고, 그 결과 고기가 퍽퍽해지고 맛도 없어진다.

소고기를 냉동시키면 보수력이 저하되어 다즙성이나 조직감만 나빠지는 것이 아니다. 소고기를 냉동시켜 냉동고에 넣어두면 미생물은 성장을 못하기 때문에 고기가 부패되지는 않지만 지방산패는 막을 수 없어 산패취가 발생한다. 뿐만 아니라 냉동보관 기간이 길어지면 표면에 동결되어 있던 수분이 천천히 기화하는데, 이렇게 되면 소고기 표면의 순수한 수분의 함량이 줄어들어 육색소를 포함한 많은 수용성단백질들의 응축이 일어난다. 여기에 지방산화와 육색소의 산화가 일어나면 소고기 표면은 시커멓게 불에 탄 것처럼 변하는 동결소(Freeze burn) 현상이 나타난다. 따라서 오래 보관된 냉동소고기는 외관상으로 매우 불량하고 육질과 맛도 냉장소고기와 비교할 수 없을 정도로 나빠진다.

그러나 필로가 오랫동안 냉동보관되면서 유통되는 냉동쇠고기가 정말 나쁘다고 생각하는 이유는 지방산화물 때문이다. 지방산화물이 건강에 나쁜 영향을 미친다는 것은 이미 상식처럼 잘 알려져 있다. 즉, 지방산화물과 같은 산화물질들을 장기간 섭취하면 각종 질병에 걸릴 확률이 높아진다. 가벼운 감기부터 무서운 암에 이르기까지 수많은 질병들이 각종 산화의 산물인 자유라디칼(free radical)로부터 기인하기 때문이다. 따라서 소고기는 맛도 맛이지만 건강을 위해서라도 가급적 지방산화물이 적은 냉장육으로 섭취하는 것이 좋다.

그런데 국내에 수입되는 대부분의 수입쇠고기가 냉동육 상태로 들어와 저렴한 가격으로 국내 시장에서 유통되고 있다. 특히 갈비는 지방함량이 많아 냉동보관 중에 지방산화물도 많이 발생하는데, 그런 냉동갈비가 장시간 동안 바다를 건너와 한우갈비의 절반 가격으로 국내 시장에서 유통되고 있는 것이다. 물론 국내산 한우갈비 중에도 판매가 제대로 이루어지지 않은 일부는 냉동을 하여 헐값에 시장에서 유통되기도 한다. 따라서 맛있는 한우고기, 건강에 좋은 한우고기를 구입하기 위해서는 가격을 불문하고 냉동육인지 아니면 냉장육인지 또는 국내산인지 아니면 수입육인지를 먼저 확인하는 것이 중요하다.

한편 맛있는 소고기를 구입하는데 있어 필히 체크해야 될 사항이 고기의 냄새다. 쇠고기 중에는 풍미가 나쁜 것도 있는데, 특히 황쇠고기의 누린내가 나는 것은 피하는 것이 좋다. 그런 쇠고기의 누린내를 어쩌다 한번이라도 경험하고 나면 한동안 쇠고기가 먹기 싫어지기 때문이다. 황쇠고기의 누린내는 성성숙에 이른 황소의 성호르몬 때문에 난다. 하지만 현재 우리나라에서 생산되는 한우 비육우(상업적으로 한우고기 생산에 이용되는 한우수컷)는 거의 대부분 거세를 하기 때문에, 한우고기는 황쇠고기의 누린내로부터 자유롭다고 할 수 있다.

그러나 수입쇠고기의 경우는 황쇠고기 누린내로부터 자유로울 수 없다. 국내산 한우고기와 비교하자면 황쇠고기 누린내가 날 확률이 높다고 할 수 있다. 필로가 수입쇠고기가 한우고기와 비교하여 누린내가 발생할 확률이 높을 수 있다고 하는 이유는 우리나라에 쇠고기를 수출하는 국가들은 대규모 공장식 축산으로 소를 사육하기 때문이다. 즉, 우리나라 비육우 한우농장들은 커봐야 100두 이상으로 모든 비육우는 거세를 하고 사양관리도 개별적으로 이루어지고 있지만, 미국이나 호주처럼 소사육장이 대규모가 되면 소들의 개별관리가 사실상 불가능해진다.

물론 우리나라에 쇠고기를 수출하는 국가들의 홍보자료를 보면 나름 비육우의 사양관리를 잘 한다고 자랑을 하지만, 워낙 대규모로 소를 키우다 보니 수컷의 거세는 아예 생각하지도 못한다. 아니, 그럴 필요를 느끼지도 않는다. 우리나라는 거의 100% 인공수정에 의해 송아지를 낳지만 그런 나라에서는 모두 자연교미에 의존한다. 그렇게 송아

지의 부모가 누구인지도 모르는데 수컷 송아지를 골라 거세를 한다는 것은 아예 생각지도 않는 것이다.

필로의 친구 중에 미국 콜로라도 주립대 교수인 템플 그랜디 (Temple Grandin) 박사가 있다. 템플은 미국뿐만 아니라 세계적으로 동물복지에 관한 저명한 학자로 유명한데, 그녀에 따르면 서구사회에 서 수컷 송아지의 거세를 실시하지 않는 근본적인 이유는 동물복지 차원이지만, 사실은 거세를 하는 것이 경제성이 없기 때문이라고 한 다. 즉, 수컷 송아지를 거세하면 황소냄새를 없애고 육질이 좋아지는 것은 사실이지만 사료효율이 떨어지고 성장이 느리다는 것이다. 그러 나 필로는 대규모 사육시스템에서는 수컷 송아지를 골라 거세를 하려 면 또 다른 시설과 시스템을 필요로 하기 때문에 경제적이지 않다는 것이 보다 솔직한 답변이라고 생각한다.

아무튼 동물복지를 중요하게 생각하든 아니면 거세가 경제적이지 않다고 생각하든 대규모 공장식 축산을 하는 미국이나 호주에서는 거세를 하지 않고 있다. 따라서 그런 소에서 생산되는 수입쇠고기는 100% 거세를 실시하고 있는 국내산 한우고기에 비해 황쇠고기의 누린내가 날 확률이 높은 것도 사실이다. 그러므로 국내 시장에서 황쇠고기 누린내가 나지 않는 맛있는 소고기를 구입하고자 한다면 수입쇠고기보다 한우고기를 선택하는 것이 좋을 것이다. 더욱이 한우고기는 수입쇠고기에 비해 한국인의 입맛에 더 맞는데, 그 이유는 한우고기에게 급여하는 사료의 성분에 차이가 있기 때문이다.

앞에서 설명한 바와 같이 소고기의 1차적인 맛은 지방에서 오며, 소고기의 지방성분은 소가 섭취하는 사료에 절대적인 영향을 받는다. 예를 들어 풀을 먹고 자란 소로부터 생산되는 호주산 수입쇠고기는 옥수수 곡물을 먹고 자란 소로부터 생산되는 미국산 수입쇠고기와 맛이 다르다. 즉, 목초비육우라고 불리는 호주산 쇠고기는 마블링이 적고 고소한 풍미가 약하지만 곡물비육우라고 불리는 미국산 쇠고기는 마블링도 적지 않고 풍미도 고소한 편이다. 그러나 우리나라에서만 생산되는 볏짚과 함께 다양한 곡물을 섞어 먹이며 키우는 한우고기의 맛에는 비할 바가 안 된다. 게다가 최근에는 한국형 TMR 사료로 비육하는 한우고기의 맛은 한층 업그레이드된 맛을 내고 있다.

한우고기의 우수한 마블링과 고소하고 구수한 풍미는 한국인이라면 누구나 다 인정하는 맛이다. 더욱이 사람의 입맛이란 것은 교육과 습관의 지배를 받기 때문에 항상 먹어왔던 맛이 가장 맛있게 느껴진다. 어렸을 때부터 먹어왔던 엄마가 해준 음식의 맛이 어른이 되어서도 가장 맛있는 것과 같은 이치다.

필로도 어쩌다가 호주산 쇠고기나 미국산 쇠고기를 실험삼아 먹어볼 기회가 있는데, 호주산 쇠고기는 왠지 맛이 밋밋하고 텁텁하며 씹힘성이 강하고, 미국산 쇠고기는 고소한 맛은 있으나 이질적이고 구수한 맛이 덜하였다. 필로의 입맛이 대한민국 풍토에서 자란 풀과 볏짚을 기본적으로 먹고 자란 한우고기의 맛에 익숙해졌기 때문이다. 아마도 이건 비단 필로만의 입맛이 아닐 것이다. 대한민국 사람이라면 모두가 필로와 같은 입맛을 가졌으리라고 필로는 믿는다.

37. 왜 한우고기를 먹어야 하는가?

I LOVE HANWOO BEEF

대한민국 사람은 한우고기를 먹어야 한다. 곡채식의 식단이 주를 이루는 우리의 밥상에 한우고기가 들어가야 건강한 장수를 할 수 있기 때문이다. 그러나 우리나라 사람이 한우고기를 먹지 않고 값이 저렴하다는 이유로 수입쇠고기를 즐겨 먹는다면, 우리는 우리의 식탁에서 한우고기를 영원히 보지 못할 수도 있다. 세계가 글로벌화되면서 국제식육시장의 경쟁도 날이 갈수록 치열해지고 있기 때문이다. 특히 1차 생명산업인 농업 중 축산은 한번 사육기반이 무너지면 경쟁국들의 견제 속에서 다시 일어난다는 것은 거의 불가능하다.

필로가 조사해 본 바에 의하면, 우리나라 국민들은 한우고기의 육질과 안전성이 수입쇠고기에 비해 우수하다는 것을 잘 인식하고 있는 것으로 보인다. 비록 수입쇠고기보다 비싼 가격에 유통되는 것에 부담감을 가지고 있지만 한우고기의 품질에 대해서는 기호도와 만족도

가 높은 편이다. 하지만 근래 수입자유화로 인한 수입쇠고기의 물량이 증가되고 있으며, 특히 미국과의 FTA 체결로 미국산 수입쇠고기는 더 값싸게 유통될 것으로 전망되고 있다. 따라서 향후 한우고기의 가격 및 우리나라 소고기 소비구조는 수입쇠고기에 의해 많은 영향을 받게 될 것으로 생각된다.

문제는 이러한 국내 소고기 시장 상황에서 가격이 상대적으로 많이 싼 수입쇠고기가 일부 비도덕적인 상인들에 의하여 한우고기로 둔갑되어 유통되는데 있다. 이런 불법적인 행위는 소고기이력추적제도 및 식육판매표지판제도를 실시하고 있음에도 불구하고 완전히 근절되지 않고 있어 문제다. 따라서 국내 소비자는 법규와 제도를 바탕으로 수입쇠고기와 차별되는 한우고기를 구분하는 노력을 기울일 필요가 있다. 또 소비자 스스로 수입쇠고기와 한우고기의 품질 차이를 분별할 수 있는 안목을 길러야 한다.

현재 우리나라에 수입되고 있는 쇠고기는 주로 미국, 호주, 뉴질랜드, 캐나다 등에서 들어오고 있다. 그런데 이들 국가에서 수입되는 쇠고기는 그 품종 및 사육환경 등의 차이로 인하여 수입쇠고기들 간에 품질의 큰 변이를 보이고 있다. 특히 광활한 목초지에서 사육되는 목초비육우인 호주산이나 뉴질랜드산 쇠고기와 옥수수 위주의 곡물로 사육하는 곡물비육우인 미국산이나 캐나다산 쇠고기 사이의 품질은 큰 차이가 있다.

2010년 기준, 우리나라는 국내산과 수입산을 모두 통틀어 431,299톤의 소고기를 소비하였다. 이 중 수입산 쇠고기는 245,086톤으로 56.8%의 비중을 차지한다. 수입쇠고기는 호주산 쇠고기가 수입물량의 절반(49.7%)을 차지하고, 미국과 뉴질랜드에서 각각 37.0% 및 12.6% 비율로 수입되고 있다. 또한 주로 수입되는 쇠고기 부위는 갈비(40.5%), 등심(14.8%), 앞다리(10.4%), 양지(9.6%) 등의 순이며, 수입쇠고기 대부분은 냉동육(82.8%)의 형태로 들어오고 있다. 즉, 수입쇠고기는 주로 갈비 및 등심 부위로 대부분 냉동육의 형태로 수입되고 있는 것이다.

필로는 솔직하게 말하자면 수입쇠고기가 무섭다. 특히 미국산 쇠고기가 무섭다. 조만간 대한민국 소고기 시장을 미국산 쇠고기가 완전히 장악할 것 같아 두렵다. 목초비육우로부터 생산되는 호주산 쇠고기는 한우고기에 비해 맛도 없고 질기고 신선하지도 않기 때문에 가격의 차이에도 불구하고 충분히 경쟁력이 있어 보인다. 하지만 곡물비육우로부터 생산되는 미국산 쇠고기는 상황이 좀 다르다. 분명히 한우고기와의 맛 차이가 있지만 그리 심하지 않고, 그들의 공격적인 마케팅이 과학적이고 전략적이기 때문이다.

필로의 연구실에서 조사해 본 바에 따르면, 호주산이나 뉴질랜드산 쇠고기는 한우고기와 비교하여 육색, 보수력 및 연도에 있어서 뚜렷한 차이를 보였다. 특히 등심 부위의 지방함량은 1⁺등급의 한우고기가 호주산이나 뉴질랜드산보다 약 5~7%가 더 높은 것으로 조사되었다. 한우고기의 마블링이 우수하다는 점을 감안하면 당연한 결과이다. 이 같은 결과는 미국산 등심에도 유사하게 나타나 미국산 냉장 등심의 지방함량은 한우 등심보다 약 6% 가량 낮은 것으로 조사되었다.

그러나 등급이 좋지 않은 한우고기를 수입쇠고기와 비교하면 전혀 다른 결과가 나타난다. 2등급 한우고기를 수입쇠고기와 비교해 보면, 근내지방 함량이 미국산이 가장 높고 다음이 호주산이고 한우가 가장 낮은 것으로 나타난다. 따라서 소고기의 맛이라는 측면만 고려하면 한우고기는 1등급 이상이 되지 않으면 가격적인 면뿐만 아니라 품질적인 면에서도 경쟁이 되지 않는다. 이것은 한우고기가 수입쇠고기에 비해 비싼 가격으로 판매되기 위해서는 무조건 1등급 이상, 즉 1⁺등급이나 1⁺⁺등급을 유지해야 한다는 말이다.

한우고기가 수입쇠고기에 대해 가질 수 있는 또 다른 장점은 맛과 영양성에 있다. 필로가 조사해 본 결과, 한우고기는 지방산 조성이 수입쇠고기와 다른데, 특히 한우고기가 호주산, 뉴질랜드산 및 미국산 쇠고기보다 팔미트산(C16:1) 및 올레인산(C18:1)을 비롯한 단가불포

화지방산의 함량이 높은 것으로 나타났다. 한우고기에 더 많이 함유되어 있는 올레인산은 한우고기의 좋은 풍미에 지대한 영향을 미치는 것으로 알려져 있다. 더구나 최근에는 수입쇠고기보다 한우고기에 많은 단가불포화지방산은 심혈관계 성인병 유발을 낮춘다는 사실도 밝혀졌다.

영남대학교 최창본 교수팀은 한우의 근내지방에는 올레인산을 비롯한 단가불포화지방산이 미국산이나 호주산 쇠고기에 비해 더 많이 함유되어 있는데, 이런 한우고기를 섭취하면 수입쇠고기를 섭취했을 때보다 동맥경화나 고혈압 등 심혈관계 성인병 유발 위험이 적어진다고 발표하였다.[1] 최창본 교수팀은 각 등급의 한우고기와 미국산 및 호주산 쇠고기를 각각 실험용 흰쥐에 먹인 뒤 혈액을 분석한 결과, 한우고기의 근내지방도가 증가할수록 흰쥐의 혈액 내 중성지방 함량이 미국산 및 호주산 쇠고기에 비해 1/3 정도로 현저히 감소하는 것을 확인하였다.

　이처럼 한우고기는 수입쇠고기보다 맛과 영양이 우수함에도 불구하고 저렴한 가격의 수입쇠고기로 인해 생존이 위협받고 있다. 필로가 수입쇠고기가 무섭다고 하는 결정적인 이유도 대규모 공장식 축산으로 생산되는 쇠고기가 다 그렇듯이 가격이 너무 저렴하기 때문이다. 게다가 우리나라 식문화에 대한 이해도가 높아지면서 우리나라에 수출하는 쇠고기의 품질을 우리의 입맛에 맞추고자 부단히도 노력하고 있다. 그 결과 미국을 위시해서 우리나라에 쇠고기를 판매하고 있는 국가들은 과학의 발달에 힘입어 국내에서 신선하게 팔리고 있는 한우고기와의 육질적인 격차를 줄여나가고 있다. 예를 들어 수입냉동 쇠고기의 경우는 초급속냉동기술로 급속히 냉동시켜 육질의 손상을 최대한 줄이고 있으며, 수입냉장 쇠고기도 육즙의 삼출이 많은 진공포장의 단점을 해결한 가스치환포장으로 들어올 날이 멀지 않아 보인다.

　그렇다고 필로가 무작정 두려워만 하는 것은 아니다. 아무리 수입쇠고기가 과학의 힘을 빌려 한우고기와의 육질적인 차이를 줄인다고 할지라도, 한국까지 오는 동안 육질의 손상을 전혀 없게 할 수는 없기 때문이다. 더구나 대한민국의 한우농가와 정부, 그리고 필로와 같은 축산학자들이 가만히 앉아 있는 것이 아니다. 한우산업과 관련 있는 정부, 업계, 학계 모든 사람들이 한우고기의 국제경쟁력을 높이기 위해 최선의 노력을 경주하고 있다.

　우리는 그동안 쇠고기 시장개방에 대응하기 위해 지난 20여 년 동안 다양한 노력을 해왔다. 축산물종합처리장 사업을 통해 도축장과 식육가공장의 시설현대화를 이룩하였다. 우리나라에 있는 축산물종합처리장들은 규모가 작아서 그렇지 시설적인 면에서는 외국의 도축장들보다 더 첨단이다. 또한 그동안 우리나라는 한우고기 브랜드 사업을 진행하여 거의 모든 한우고기에 이름을 붙였다. 한우고기에 이름을 붙였다는 말은 브랜드에 따라 품질과 안전성의 책임소재를 분명히 했다는 말이다. 여기에 덧붙여 세계적으로 인정받고 있는 식품안전성관리제도인 HACCP제도도 실시하고 있다. 게다가 한우고기의 유통도 세계 어디에 내놓아도 손색이 없는 냉장유통시스템이 잘 구축되었다. 그러니 이제 가격적인 면만 제외하면 그 어떤 수입쇠고기가 들어와도 품질 면에서는 충분히 경쟁력이 있어 보인다.

한우고기가 수입쇠고기에 대해 가지는 가장 강력한 경쟁력 아이템은 안전성이다. 특히 대한민국의 생산이력제 시스템은 자타가 공인하는 세계 최고의 수준이다. 세계 최고의 기술력을 자랑하는 한국의 IT기술과 세계 최고라고 자부하는 한국의 유전자분석기술이 만나 이룩한 한우고기의 생산이력제 시스템은 축산선진국이라고 자부하는 미국, 호주, 캐나다, 뉴질랜드의 기를 죽이기에 부족함이 없다. 우리나라에 쇠고기를 수출하는 그들의 나라에서는 도저히 할 수 없는 품질과 안전성의 관리를 우리는 하고 있다는 말이다.

대한민국은 한 나라에서 사육하고 있는 비육우의 100%를 대상으로 생산이력제를 실시하고 있는 유일한 국가이다. 정육코너에서 진열되어 있는 모든 한우고기에 생산이력정보인 일련번호가 붙어 있다. 이

것을 스마트폰과 연결하면 그 한우고기의 모든 생산이력정보를 알 수 있다. 그런데 우리에게 쇠고기를 수출하는 미국이나 호주는 우리나라처럼 생산이력제를 실시할 수 없다. 할 수 없는 이유가 있기 때문이다.

필로는 이 분야의 세계적인 전문가인 게리 스미스(Gary Smith) 교수의 증언에 주목한다. 그는 미국처럼 대단위 축산을 하는 나라는 IT기술보다 사육하는 소의 수가 너무 많아 생산이력제를 제대로 할 수 없다고 말한다. 생산이력제라는 것이 개별적으로 모든 소를 관리하는 것인데, 미국이나 호주처럼 공장식 축산을 하는 나라는 사육하는 소가 너무 많다 보니 거기에서 생산되는 모든 쇠고기 부위에 생산이력을 붙인다는 것이 용이하지 않다는 것이다.

그러므로 우리는 지금 생산이력도 모르는 정체불명의 쇠고기들을 수입해서 먹고 있다는 것을 알아야 한다. 부모가 누구인지도 모르는 소, 어떤 항생제를 얼마나 맞았는지도 모르는 소, 품종이나 유전적 정보도 모르는 소, 심지어 도축일령도 정확히 모르는 소들로부터 생산되는 쇠고기를 값이 저렴하다는 이유로 수입해 먹고 있는 셈이다.

필로가 대한민국 사람들은 한우고기를 먹어야 한다고 주장하는 이유는 첫 번째는 맛있기 때문이고, 두 번째는 안전하기 때문이다. 한국인에게 있어 세계에서 가장 맛있고 안전한 소고기는 우리나라에서 우리가 키운 한우고기밖에 없다는 말이다. 한국 사람들이 한우고기를 먹어야 하는 다른 이유는 없다. 한우고기가 맛있고 안전하기 때문이다.

 각주

I LOVE HANWOO BEEF

1) 동아일보(2012. 5. 16), 국민일보(2012. 5.15), 조선일보(2012. 5. 16)

38. 한우고기는 우리 민족의 자존심

I LOVE HANWOO BEEF

2008년 봄, 대한민국은 미국산 쇠고기의 수입재개로 온 나라가 뜨겁게 들끓었었다. 많은 사람들이 촛불을 들고 거리로 나와 광우병 쇠고기의 수입을 반대한다고 목소리를 높였다. 필로는 매일 밤마다 광화문 거리를 밝혔던 그 촛불들을 보면서 그 누구보다 가슴이 아팠다. 미국산 쇠고기를 전격적으로 수입하기로 타결한 정부가 야속해서 가슴이 아팠던 것은 아니었다. 그렇다고 그 일로 우리 사회가 둘로 나뉘어 싸우는 모습이 속상해서 가슴이 아팠던 것도 아니었다.

필로가 가슴이 아팠던 이유는 미국산 쇠고기 수입이 재개된 이후 우리나라 한우농가들이 겪어야 될 고통이 눈에 보이는 것 같았기 때문이었다. 그렇지 않아도 사료가격의 인상으로 농촌에서 한우를 키우는 농부들의 속이 시커멓게 타 들어가고 있는데, 엎친 데 덮친다고 미국산 쇠고기의 수입 재개는 농촌의 삶을 더욱 피폐하게 만들게 불을

보듯 뻔했다. 그리고 5년이 지난 오늘, 필로의 우려는 현실이 되고 있다. 지난 5년 동안 한우사육을 포기한 농가의 수는 전국적으로 5만호에 이른다. 한우 사육 농가의 1/4이 5년 사이에 사라진 것이다.

2013년 현재, 지금도 농촌에서는 한우를 키우며 고생을 보람으로 알고 살아가는 많은 한우농가들이 자신의 농장을 언제 폐쇄하는 것이 좋을지 고민하고 있는 참담한 실정이 계속되고 있다. 새벽녘부터 늦은 밤까지 한우를 돌보며, 손가락 마디마디에 굳은살이 배겨가며 일구었던 삶의 터전을 언제 떠나는 것이 좋을지 고민하고 있는 것이다.

2008년 봄에 필로가 가슴이 아팠던 또 다른 이유는 촛불집회가 지속적으로 진행되면서 일부 사람들에 의해 미국산 쇠고기뿐만 아니라 '모든 고기를 먹지 말자'라는 분위기가 형성되는 것을 보았기 때문이었다. 특히 극열한 채식주의자들에 의해 주도되는 '육식을 하지 말자'

라는 분위기가 조장되는 것을 보고 식육학자 필로는 흥분하지 않을 수 없었다. 그건 우리나라 축산업계뿐만 아니라 국민들의 건강을 위해서도 매우 바람직하지 않기 때문이었다.

그렇지 않아도 우리나라는 OECD 국가 중 육류의 섭취량이 가장 적은 나라이며, 우리나라처럼 채식을 잘 하고 있는 나라도 그리 많지 않은데, 그런 우리가 고기를 먹지 않고 더욱 채식위주의 식사를 하게 되면 영양불균형이 초래될 것이 자명하다. 그러나 현재 우리나라는 육식이 마치 비만의 원인이고, 고기가 현대 성인병의 주요인인 것처럼 잘못 알려지고 있어 안타깝기 그지없다.

필로는 우리나라 사람들이 지금보다 더 건강하게 장수하기 위해서는 고기를 더 많이 먹어야 한다고 믿는다. 그렇다고 미국사람들처럼 무작정 많이 먹자는 주장은 아니다. 세계 제1의 장수국인 일본이나 홍콩 또는 건강한 장수를 누리고 있는 유럽 수준으로 우리의 식육섭취량을 늘려야 한다는 것이다. 그리고 고기도 아무 고기나 먹자는 소리가 아니라 우리의 땅에서 기른 가축으로부터 생산한 것을 먹자는 것이다. 우리 땅에서 생산된 고기가 맛있고 안전하기 때문이다. 이것이 필로가 한우고기를 예찬하는 이유다.

하지만 필로가 한우고기를 예찬하는 이유가 한우고기가 수입쇠고기보다 단지 맛있고 안전하기 때문만이 아니다. 가격적인 면만 생각하면 수입쇠고기가 한우고기보다 훨씬 좋을 수 있다. 그러나 21세기에 OECD국가인 대한민국에 사는 소비자들은 소고기를 구입하는데 있어 가격보다 품질을 더 중요시하여야 한다. 소고기의 품질이란 단지 맛있는 한 끼의 식사로만 끝나지 않고 건강한 삶에까지 영향을 미치기 때문이다. 따라서 이제는 경제적인 어려움을 어느 정도 벗어난 우리나라 국민들도 건강을 생각하여 값이 조금 비싸더라도 품질이 좋은 한우고기를 즐겨도 좋을 듯싶다.

채식주의자나 동물보호가들처럼 육식의 위해성을 과장되게 홍보하는 사람들은 최근 남미국가들의 비만인구 증가가 과다한 육류의 섭취량 때문이라고 주장한다. 확실히 멕시코를 비롯한 많은 남미국가들의 육류소비량은 근래에 부쩍 증가하였고 비만인구도 급증하였다. 하지만 그들보다 더 많은 육류를 소비하고 있는 유럽국가에서는 상황이 다르다. 필로는 이 차이의 원인이 남미와 유럽의 육류소비 경향이 다른 점에 있다고 본다. 즉, 남미국가에서는 값이 저렴한 저급육의 소비가 많은 반면, 유럽국가에서는 값비싼 고급육의 소비가 많다는 점에 주목해야 한다.

아직은 유럽에 비해 경제적으로 풍요롭지 않은 남미국가들에서 소비하는 육류음식의 주류는 저급육을 지방과 함께 갈은 고기를 기름에 튀긴 것들이다. 예를 들어 '타코'나 '브리또' 같은 멕시칸 음식들이 바로 그런 것들인데, 주로 이런 음식은 인스턴트식품으로 소비된다. 이런 음식은 스테이크로 사용되고 남은 잡육이나 유통기한이 다 되어가는 고기 또는 저급 부위를 갈아 만들기 때문에 맛이 없어 다량의 지방과 함께 각종 향신료를 첨가한다. 또한 위생적으로도 안전성을 확신할 수 없기 때문에 기름에 튀겨 안전성을 확보한다. 물론 이렇게 만든 음식은 값도 싸고 맛도 있고 안전하다. 그러나 그 결과는 처참하다.

　이 같은 경향은 육류소비량이 매우 많은 미국에서 극명하게 볼 수 있다. 미국의 중산층들은 쇠고기를 주로 등심이나 안심 위주의 스테이크로 소비한다. 경제적으로 여유가 있는 그들은 햄버거도 직접 신선냉장육을 사다 갈은 후, 불에 구운 바비큐로 만들어 먹는다. 그러나 경제적으로 여유가 없는 저소득층으로 내려갈수록 맥도날드로 대변되는 인스턴트식품이 주식이 된다. 햄버거도 저급육을 지방과 함께 갈아 만든 고기에 향신료를 넣고 기름에 튀긴 패티로 만든 것을 먹는다. 그리고 전체적으로 육류소비량이 비슷한 두 집단의 결과는 건강한 신체와 비만한 신체로 나타난다. 미국사회에서 빈민층으로 갈수록 비만한 사람이 많은 이유가 바로 이 때문이다.

우리나라도 마찬가지다. 앞에서도 필로가 거듭거듭 강조한 바처럼, 아직까지 우리나라의 육류소비량은 미국이나 유럽의 절반에도 미치지 못하고 있다. 한우고기의 경우에는 1인당 연간 4kg 정도밖에 먹지 않으니 말하기조차 부끄럽다. 그럼에도 불구하고 최근 우리나라의 비만율은 증가하고 있다. 특히 미국과 마찬가지로 저소득층으로 갈수록 비만율은 높아진다. 실제로 국민건강통계 자료에 따르면, 소득수준이 낮을수록 과체중과 비만율의 비율이 높아지는 것으로 조사되었다.[1] 이는 근래 인스턴트식품이나 각종 가공식품의 소비가 급증하고 있는 것과 무관해 보이지 않는다.

많은 사람들이 인스턴트식품이나 가공식품의 섭취를 육류섭취와 혼동하는데, 우리나라에서 판매되는 과자, 라면, 빵, 햄버거, 피자와 같은 인스턴트식품의 주재료는 식물성 식재료들이며 가공식품도 이와 별반 다르지 않다. 설령 햄버거나 핫도그처럼 육류가 들어가는 인스턴트식품이나 가공식품이라고 하더라도 원료육은 거의 모두가 값이 저렴한 수입육이라 해도 과언이 아니다. 특히 우리나라에서 소고기는 가격이 비싸기 때문에 가공제품의 원료육으로 많이 사용하지 못한다. 소고기로 만드는 대표적인 육가공제품이 육포인데, 우리나라에서 제조되는 대부분의 육포는 원료육 값이 저렴한 수입쇠고기로 만든다.

문제는 값이 저렴하고 질이 좋지 않은 쇠고기나 그런 쇠고기가 들어간 인스턴트식품이나 가공식품을 자주 먹다보면 비만해지기 쉽고 건강을 해칠 수 있다는 사실이다. 특히 한참 먹성이 좋은 성장기 어린 아이들이나 청소년들은 그런 식품들의 중독성에 쉽게 빠져든다. 따라서 의식 있는 어른들이라면 우리 아이들이 그런 식품에 중독되지 않도록 식생활을 지도할 필요가 있다. 쇠고기도 인스턴트식품이나 가공식품을 통해 섭취하지 않고 신선냉장육인 한우고기로 섭취하도록 해야 한다는 말이다.

필로는 소고기는 우리나라처럼 먹는 것이 건강에 바람직하다고 생각한다. 즉, 어떤 형태로든 가공의 단계를 거치지 않고 신선육의 상태 그대로 불판에 올려 구워 먹던지, 갖은 양념을 하여 불고기로 먹던지, 아니면 물에 넣고 푹 삶아 탕이나 국거리로 먹는 것이 건강에 좋은 소고기 섭취법이라는 말이다. 햄버거나 타코에 들어가는 고기처럼 쇠고기에 다른 지방을 첨가하여 갈은 후 냉동시키고 기름에 튀겨 먹으면 맛은 있을지 몰라도 건강적인 면에서는 빵점이다. 만약 우리나라 전통의 소고기 요리법처럼 신선육의 상태 그대로 조리하여 먹는다면 절대로 비만이 될 수 없다는 것이 필로의 믿음이다.

이런 이유로 필로는 우리나라에서 소고기는 값이 저렴한 수입쇠고기보다 다소 가격이 부담스러워도 한우고기를 먹어야 한다고 주장한다. 건강이 저렴한 가격보다 수천 배, 아니 수천만 배 중요하기 때문이다. 그러나 자칫 잘못하면 한우고기를 먹고 싶어도 먹지 못하는 상황에 직면할 수도 있다. 만약 대한민국 사람들이 경제적인 논리로만 한우고기를 바라보면 그렇게 될 수 있다는 말이다.

기본적으로 한우고기는 공장식으로 대량 생산이 불가능하기 때문에 생산비가 수입쇠고기보다 높을 수밖에 없다. 물론 한우고기의 생산비를 낮추기 위해 끊임없이 노력하고 있지만 아직까지는 수입쇠고기와 가격 면에서 경쟁을 할 수 없다. 그런데 시장경제론을 좋아하는 사람들은 굳이 그렇게 비싸게 생산한 한우고기를 먹을 필요가 있냐고 말하기도 한다. 우리나라는 자동차나 전자제품을 수출해서 팔아 번 돈으로 쇠고기를 저렴한 가격에 수입해서 먹으면, 국내 환경문제도 해결되고 누이 좋고 매부 좋은 거래가 아니냐는 소리다.

그러나 이런 논리는 한우고기를 생산하는 축산업이 국가의 생명산업이라는 인식의 부재나 무지에서 비롯된 것이다. 필로는 전작 〈고기예찬〉에서 축산업을 나무젓가락산업에 빗대어 설명한 바 있다. 국내 나무젓가락산업은 외국산 대나무젓가락과 가격경쟁에서 밀려 산업이 폐쇄되어도 훗날 외국의 대나무젓가락이 가격을 올리면 언제든지 공장의 문을 열고 다시 나무젓가락을 생산해 낼 수 있다. 하지만 1차 생명산업인 축산업은 속성상 이런 이야기가 원초적으로 불가능하다.

축산업은 이미 고도의 기술력을 필요로 하는 기술집약적 산업이자 대규모 생산시설을 필요로 하는 장치산업이 된 지 오래 되었다. 한번 사육기반이 붕괴되면 다시 일어서는 데 최소한 10년 이상이 걸린다. 아니, 갈수록 극심해지는 국제식육시장의 경쟁과 견제에 비추어보면, 한번 사육기반이 무너지면 영원히 다시 일어선다는 것은 거의 불가능한 일이다. 소위 식량의 무기화를 앞세운 총성 없는 세계대전 속에서 우리는 소고기 시장의 식민지에서 영원히 벗어나지 못하게 될 수도 있다는 말이다. 그래서 지켜야 한다. 마지노선을 그어 놓고 우리의 한우고기 시장을 무슨 수를 써서라도 지켜야 하는 것이다.

사람의 입맛은 순진하다. 맛있고 좋은 음식을 먹던 사람은 맛없고 나쁜 음식은 먹기 싫어한다. 만약 맛있고 좋은 것을 먹던 사람이 경제적인 어려움 때문에 어쩔 수 없이 맛없고 나쁜 음식을 먹어야 되는 상황에 처하면 비참해서 죽고 싶어진다. 필로는 우리 대한민국이 그런 비참한 상황에 처하지 않기 위해서라도 우리나라 한우산업의 일정부분은 필히 지키고 유지하여야 한다고 믿는다. 물론 대한민국이 한우산업의 마지노선을 지키기 위해서는 국민 모두가 맛있고 안전하고 건강에도 좋은 한우고기를 애국애족의 마음을 가지고 지속적으로 소비를 해주어야 한다. 이것이 필로가 한우고기를 예찬하는 근본적인 목적이자 이유이다.

 각주

I LOVE HANWOO BEEF

1) 2010년 10월 12일(헬스코리아뉴스). 2008년 소득수준을 상/중상/중하/하 등 4단계로 구분해서 조사한 결과, 소득수준 '상'의 과체중 · 비만율은 29.7%, 중상 30.5%, 중하 31.7%, 하 32.8%로 저소득층일수록 높은 것으로 나타났다. 1998년에는 고소득의 과체중 · 비만율이 저소득층보다 더 높았던 것이 10년만에 정반대의 결과가 나타나 주목을 끈다. 소득이 낮을수록 비만율은 높은데 비해 영양 섭취는 제대로 하지 못하는 것으로 나타났다. 특히 5세 이하 아동과 65세 이상 노인은 심각한 것으로 나타났다.